"十三五"国家重点出版物出版规划项目
现代机械工程系列精品教材

智能制造导论

主　编　李晓雪

副主编　刘怀兰　惠恩明

参　编　胡树山　刘荣娥　曹　宇

　　　　陆　鹏　金　磊

机械工业出版社

本书是"十三五"国家重点出版物出版规划项目——现代机械工程系列精品教材中的一本。由多位工科院校相关专业的教授与从事智能制造行业的工程技术人员共同编写而成。本书全面、详细地讲解了智能制造在设计、生产、管理、服务等各个环节的相关内容。本书共5章，包括：智能制造概述、智能制造装备技术、智能制造信息技术、智能制造生产管理、智能制造服务。

本书基于二十大报告中关于"深入实施科教兴国战略、人才强国战略、创新驱动发展战略"的要求，在详细讲授基础理论知识的同时融入探索性实践内容，以增强学生的自信心和创造力，即用学科理论知识促进学生活跃思维、敢于创新，尽可能地将新思路在实践中进行创造性的转化，推动科学技术实现创新性发展。

本书为二维码新形态教材，读者可以使用手机微信扫码免费观看相关视频。

本书可作为普通高等学校机械类与近机械类专业的教材，也可供其他相关专业的师生和工程技术人员参考。

图书在版编目（CIP）数据

智能制造导论/李晓雪主编 .—北京：机械工业出版社，2019.5
（2025.1重印）

"十三五"国家重点出版物出版规划项目　现代机械工程系列精品教材

ISBN 978-7-111-62089-1

Ⅰ. ①智… Ⅱ. ①李… Ⅲ. ①智能制造系统-高等学校-教材
Ⅳ. ①TH166

中国版本图书馆 CIP 数据核字（2019）第 034432 号

机械工业出版社（北京市百万庄大街22号　邮政编码100037）
策划编辑：余 皞　责任编辑：余 皞
责任校对：梁 静　封面设计：张 静
责任印制：常天培
北京铭成印刷有限公司印刷
2025 年 1 月第 1 版第 17 次印刷
184mm×260mm · 10 印张 · 246 千字
标准书号：ISBN 978-7-111-62089-1
定价：35.80 元

电话服务			网络服务			
客服电话：010-88361066			机 工 官 网	：www.cmpbook.com		
		010-88379833	机 工 官 博	：weibo.com/cmp1952		
		010-68326294	金 书 网	：www.golden-book.com		
封底无防伪标均为盗版			机工教育服务网	：www.cmpedu.com		

前　言

随着新兴信息技术的产生和应用，传统的生产方式和商业模式正在不可避免地发生巨大变化。在新工业革命来临之际，我国约80%的制造业中小企业已经主动开始谋求由中国制造向"中国智造"转型。这不仅是将信息技术应用于加工生产，而且对于生产中的管理、体制模式也是一种创新和挑战。"中国智造"的核心，就是更深层次地推动信息技术和其他产业的融合，以引领颠覆性创新技术的研发，成功实现中国制造向智能制造转型。

"两化融合"是中国制造业转型的必由之路，智能制造是实现"两化融合"的核心途径，而装备制造业是实现工业化的基础条件。2015年9月10日，工业和信息化部公布2015年智能制造试点示范项目名单，46个项目入围。这些项目包括沈机智能机床试点、北京航天智慧云制造试点、中化化肥智能制造及服务试点等。46个试点示范项目覆盖了38个行业，分布在21个省；涉及流程制造、离散制造、智能装备和产品、智能制造新业态新模式、智能化管理、智能服务6个类别，行业、区域覆盖面广，且有较强的示范性。

智能制造已日益成为未来制造业发展的重大趋势和核心内容，是加快发展方式转变，促进工业向中高端迈进，建设制造强国的重要举措，也是新常态下打造新的国际竞争优势的必然选择。而推进智能制造是一项复杂而庞大的系统工程，是新生事物，需要不断探索、试错，难以一蹴而就，更不能急于求成。

本书作为智能制造的导论教材，其内容符合"中国智造"国情，并兼顾学科的广度和深度，旨在为各工程专业学生、各企业研究设计人员、制造业生产人员、管理人员、服务人员、院校老师等提供有利的学习和参考支持。本书从智能制造起源、发展、前景、体系到制造装备技术、信息技术、生产管理、制造服务等知识，贯穿了智能制造中的各个环节，并列举了典型的案例描述工厂和企业内部、企业之间和产品全生命周期的实时管理和优化过程，将信息深度自感知、智慧优化自决策、精准控制自执行等功能的先进制造过程、系统与模式的实际应用一一展现在读者面前。本书主要包括制造装备技术、工业互联网、工业大数据、新一代人工智能、生产管理等。其中：制造装备技术是实现工业化的基础条件，是"两化融合"和智能制造的主力军；工业互联网实现数据从端到端的无损流动，是实现智能制造的关键基础设施，也是支撑企业实现智能制造的关键使能技术；工业大数据对工业企业运行中产生的海量的、异构的数据进行汇聚处理，是实现智能制造的重要信息资源；新一代人工智能是基于算法、算力和大数据的综合技术，是体现智能制造中的"智能"的精髓；生产管理则是智能制造转型中，重新协调人与机器、设备之间关系的重要研究方向。

本书由李晓雪（鄂尔多斯应用技术学院）任主编，刘怀兰（华中科技大学）、惠恩明（华中科技大学）任副主编，参与编写的人员还有胡树山、刘荣娥、曹宇、陆鹏、金磊。

限于编者的水平，书中难免有不当之处，请读者不吝批评指正。

编　者

目 录

第1章

智能制造概述

制造业是现代工业的基石,是实现国家现代化的保障,也是国家综合国力的体现,是一个国家的脊梁,这早已是世界各国的共识。自18世纪中叶开启工业文明以来,每一次制造技术与装备的重大突破,都深刻影响了世界强国的竞争格局,制造业的兴衰印证着世界强国的兴衰;与此同时,制造业是创新的主战场,是保持国家竞争实力和创新活力的重要源泉。而自国际金融危机以来,世界各国对制造业在推动贸易增长、提高研发和创新水平、促进就业等方面的重要作用又有了新的认识,纷纷提出制造业的国家战略,如美国的"先进制造业国家战略计划"、德国的"工业4.0计划"和日本的《制造业白皮书》等,制造业正重新成为国家竞争力的重要体现。

十八届五中全会、中央经济工作会明确指出,牢固树立创新、协调、绿色、开放、共享的发展理念,构建产业新体系,加快建设制造强国,加快实施《中国制造2025》。大力发展制造业,对我国实施创新驱动发展战略、加快经济转型升级、实现百年强国梦具有十分重要的战略意义。自改革开放以来,我国制造业发展取得长足进步,总体规模位居世界前列,自主创新能力显著增强,综合实力和国际地位大幅提升,已站到新的历史起点上。就当前来看,我国经济发展进入新常态,如何做到换档不失速,推动产业结构向中高端迈进,重点、难点和出路都在制造业。我国制造业正处于爬坡过坎的重要关口,在原有比较优势逐步削弱、新的竞争优势尚未形成的新旧交替期,转型升级任务十分艰巨,面临的困难相当严峻,很多需要解决的问题迫在眉睫。随着新一代信息通信技术与先进制造技术的深度融合,全球兴起了以智能制造为代表的新一轮产业变革,数字化、网络化、智能化日益成为未来制造业发展的主要趋势。世界主要工业发达国家加紧谋篇布局,以重塑制造业竞争新优势。《中国制造2025》已将智能制造作为主攻方向。大力实施智能制造,是新常态下打造新的国际竞争优势的必然选择,对于培育我国新的经济增长动力,抢占新一轮产业竞争制高点具有重要意义,是促进制造业向中高端迈进、建设制造强国的重要举措。智能制造国际环境前所未有,我国推动智能制造正当其时。

推进智能制造是一项庞大的系统工程,是一项必须长期坚持的战略任务,我们既要高度认识推进智能制造的重要性和紧迫性,更要清醒地认识发展智能制造的长期性和复杂性,要把握我国制造业现阶段的发展规律,认真梳理出当前和今后一个时期的重点和方向,"分业、分行、分企"施策,动员政府、企业和社会各界力量,采取有力措施,鼓励企业探索与实践智能制造,营造全行业实施智能制造的良好氛围,加速我国制造业转型升级、提质增效,为实现"两个一百年"奋斗目标,实现中华民族伟大复兴做出应有的贡献。

纵观制造业的发展史,每一次制造业革命性的变革都离不开相应技术的支持。智能制造是一种高度网络连接、知识驱动的制造模式,它优化了企业全部业务和作业流程,可实现可持续生产力增长、高经济效益目标。智能制造结合信息技术、工程技术和人类智慧,从根本上改变产品研发、制造、运输和销售过程。正像电子信息技术推动了工业3.0的变革一样,以大数据、物联网、云计算、人工智能等为代表的新一代信息技术也必将不断推进智能制造的健康发展。

1.1　智能制造的产生

1.1.1　智能制造的起源与历史

制造业是国民经济的主体，是立国之本、兴国之器、强国之基，是决定国家发展水平的最基本因素之一。从机械制造业发展的历程来看，经历了由手工制作、泰勒化制造、高度自动化、柔性自动化和集成化制造、并行规划设计制造等阶段。就制造自动化而言，大体上每十年上一个台阶：20 世纪 50—60 年代是单机数控，20 世纪 70 年代以后则是 CNC 机床及由它们组成的自动化岛，20 世纪 80 年代出现了世界性的柔性自动化热潮。与此同时，出现了计算机集成制造，但与实用化相距甚远。随着计算机的问世与发展，机械制造大体沿两条路线发展：一是传统制造技术的发展；二是借助计算机和自动化科学的制造技术与系统的发展。20 世纪 80 年代以来，传统制造技术得到了不同程度的发展，但存在着很多问题。先进的计算机技术和制造技术向产品、工艺和系统的设计人员和管理人员提出了新的挑战，传统的设计和管理方法不能有效地解决现代制造系统中所出现的问题，这就促使我们借助现代的工具和方法，利用各学科最新研究成果，通过集成传统制造技术、计算机技术及人工智能等技术，发展一种新型的制造技术与系统，这便是智能制造技术（Intelligent Manufacturing Technology，IMT）与智能制造系统（Intelligent Manufacturing System，IMS）。

智能制造（Intelligent Manufacturing，IM）是一种由智能机器和人类专家共同组成的人机一体化智能系统，它在制造过程中能进行智能活动，如分析、推理、判断、构思和决策等。通过人与智能机器的合作，去扩大、延伸和部分地取代人类专家在制造过程中的脑力劳动。它把制造自动化的概念更新，扩展到柔性化、智能化和高度集成化。

当前，智能制造已成为全球主要国家的竞争热点。美、德、法、日、韩、巴西、土耳其等传统发达国家和新兴国家都不约而同把发展智能制造放在未来产业战略的重要位置，乃至于把发展智能制造定位为国家产业结构重建的核心和提升国家竞争力的关键。

1. 美国：以智能制造新技术引领"再工业化"

罗克韦尔自动化公司主席基斯·诺斯布什认为"智能制造"，即工业生产中自动化与信息化的深度融合，以提升生产效率，加快面向市场的反应速度。2012 年，《华盛顿邮报》提出：人工智能、机器人及数字化制造将是帮助美国赢回制造业优势的三大关键技术。2011年 6 月，美国正式启动包括工业机器人等技术研发在内的"先进制造伙伴计划"。2012 年 2月又出台"先进制造业国家战略计划"，提出要加大政府投资、建设"智能"制造技术平台，以促进智能制造技术的创新。2012 年 3 月，奥巴马宣布将投资 10 亿美元建立全美制造业创新网络，其中智能制造的框架和方法、数字化工厂、3D 打印等均被列为优先发展的重点领域。

2. 欧洲：技术创新与业态创新结合推动新工业革命

英国《经济学家》杂志编辑保罗·麦基里指出，制造业数字化将引领第三次工业革命。

智能化工业软件、机器人、以 3D 打印为代表的新制造方法以及基于网络的商业服务模式创新将形成合力，改变制造业的发展方式和经济社会进程。欧盟委员会在《未来制造业：2020 年展望》报告中提出，欧洲制造业要提升生产装备的智能化、自动化水平，并实现制造与服务的有效集成；产品和工艺的更新方式应由线性模式向"制造工程"战略转变，以便同时解决相互关联的各种问题；要发展虚拟工程和虚拟企业等新的商业模式。2009 年 9 月，欧洲智能制造路线图正式出台，确立了以实现可持续及精益化制造为目标的制造业发展战略。2010 年，德国制定了十年（2011—2020 年）自动化发展计划，将制造业自动化水平的提升作为国策来执行，大力促进电子电气技术、机电一体化技术、生产工艺流程、计算机和 IT 技术、传感器和变送器、驱动和执行系统、通信技术以及综合技术等方向的发展。

3. 日本：建设产业链全过程覆盖的智能制造系统

日本早在 1989 年即已提出"智能制造系统（IMS）"的思想，并于 1990 年 4 月启动了智能制造系统国际合作研究计划。该计划将智能制造系统定义为"一种在整个制造过程中贯穿智能活动，并将这种智能活动与智能机器有机融合，将整个制造过程从订货、产品设计、生产到市场销售等各个环节以柔性方式集成起来的能发挥最大生产力的先进生产系统"，其主要研究目标包括：以智能计算机部分替代生产过程中人的智能活动；通过虚拟现实技术集成设计与制造过程，实现虚拟制造；通过数据网络实现全球化制造；开发自律化、协作化的智能加工系统等。2011 年，日本发布了第四期科技发展基本计划（2011—2015年）。为强化制造业竞争力，在该计划中主要部署了多功能电子设备、信息通信技术、测量技术、精密加工、嵌入式系统等重点研发方向；同时，加强智能网络、高速数据传输、云计算等智能制造支撑技术领域的研究。

4. 韩国：以工业设计和数字标准为重点集中突破

韩国于 1999 年提出了"数字经济"的国家战略。在此战略的指导下，韩国政府制订了国家制造业电子化计划，建立了制造业电子化中心，并确定了数字化工业设计和制造业数字化协作标准作为创新研发的重点。目前，该战略已在电子、造船等行业获得了显著的成效。

除了以上针对性的技术创新计划和产业发展战略之外，发达国家也已经认识到：智能制造网络以及支撑智能制造网络的相关体制机制、法律规则、服务体系、行业标准、产业文化等，将是未来产业的高端，也是难以学习、无法转移的核心价值。当前，发达国家正在加紧布局，通过加强基础技术、共性技术研发投入；推广 3D 打印等代表未来制造模式新发展趋势的技术应用；制定适应智能制造时代经济体系的知识产权保护规则；建设促进信息化产业技术创新及应用的软硬件环境等多种方式，不断完善产业创新体系，培育智能制造网络。如美国在俄亥俄州建立了增材制造技术创新研究所，还即将继续设立另外三家制造技术研究所并最终期望增加到 15 家；欧盟编制智能制造系统 IMS2020 路线图等，都是这一战略付诸实施的体现。

自美国 20 世纪 80 年代提出智能制造的概念后，一直受到众多国家的重视和关注，纷纷将智能制造列为国家级计划并着力发展。目前，在全球范围内具有广泛影响的是德国"工业 4.0"战略和美国工业互联网战略。

毫无疑问，智能化是制造自动化的发展方向。在制造过程的各个环节几乎都广泛应用人工智能技术。如：专家系统技术可以用于工程设计、工艺过程设计、生产调度、故障诊断等；神经网络和模糊控制技术等应用于产品配方、生产调度等，实现制造过程智能化。而人工智能技术尤其适合于解决特别复杂和不确定的问题。但同样显然的是，要在企业制造的全过程中全部实现智能化，还距离现实十分遥远。有人甚至提出这样的问题，21世纪会实现智能自动化吗？而如果只是在企业的某个局部环节实现智能化，而又无法保证全局的优化，则这种智能化的意义是有限的。

20世纪90年代以后，世界各国竞相大力发展IMT和IMS的深层次原因有：

1）集成化智能制造系统是一个复杂的大系统，其中有多年积累的生产经验，生产过程中的人—机交互作用，必须使用的智能机器（如智能机器人）等。脱离了智能化，集成化也就不能完美地实现。

2）机器智能化比较灵活，可以选择系统智能化，也可以选择单机智能化。单机可发展一种智能，也可发展几种智能。无论在系统中或单机上，智能化均可工作，不像集成制造系统，只有全系统集成才可工作。

3）智能化的投入较高。现有的计算机集成制造系统（Computer Integrated Manufacturing System，CIMS）少则投资数千万元，多则投资数亿元乃至数十亿元，很少有企业能承担得起，而且投入正常运行的很少，维护费用也高，还要废弃原有的设备，难以推广。

4）白领化使得有丰富经验的机械工人和技术人员日益缺少，产品制造技术越来越复杂，促使企业使用人工智能和知识工程技术来解决现代化的加工问题。

5）工厂生产率的提高更多地取决于生产管理和生产自动化。人工智能与计算机管理相结合，使得不懂计算机的人也能通过视觉、对话等智能手段实现生产管理的科学化。

总之，以计算机信息技术为基础的高新技术得到迅猛发展，为传统的制造业提供了新的发展机遇。计算机技术、信息技术、自动化技术与传统制造技术相结合，形成了先进制造技术概念。冷战结束以后，国际竞争的重点由单纯的军事实力较量转向以发展经济和提高国民生活水平的综合国力较量，随之而来的这种国际高新技术领域的竞争越演越烈，且其发展形势由最初的仅依托本国的人力、物力和财力，发展到国际的大规模合作。近年来由发达国家倡导的面向21世纪的"智能制造系统""信息高速公路"等国际研究计划，无疑是该背景下的产物，也是国际进行高科技研究开发的具体表现和积极占领21世纪科技制高点的象征。

1.1.2 智能制造的概念

关于智能制造的研究大致经历了三个阶段：起始于20世纪80年代人工智能在制造领域中的应用，智能制造概念正式提出；发展于20世纪90年代智能制造技术、智能制造系统的提出；成熟于21世纪以来新一代信息技术条件下的"智能制造（Smart Manufacturing，SM）"。

20世纪80年代：概念的提出。1989年日本提出了智能制造系统的概念。在美国赖特（Paul Kenneth Wright）、伯恩（David Alan Bourne）正式出版的专著《制造智能》（Smart Manufacturing，SM）中，就智能制造的内涵与前景进行了系统描述，将智能制造定义为"通过集成知识工程、制造软件系统、机器人视觉和机器人控制来对制造技工们的技能与专家知识进行建模，以使智能机器能够在没有人工干预的情况下进行小批量生产"。在此基础上，英国技术大学Williams教授对上述定义做了更为广泛的补充，认为"集成范围还应包括贯穿制造组织内部的智能决策支持系统"。麦格劳·希尔科技词典将智能制造界定为：采用自适应环境和工艺要求的生产技术，最大限度地减少监督和操作，制造物品的活动。

20世纪90年代：概念的发展。在智能制造概念提出不久后，智能制造的研究获得欧、美、日等工业化发达国家的普遍重视，围绕智能制造技术（IMT）与智能制造系统（IMS）开展国际合作研究。1991年，日、美、欧共同发起实施的"智能制造国际合作研究计划"中提出："智能制造系统是一种在整个制造过程中贯穿智能活动，并将这种智能活动与智能机器有机融合，将整个制造过程从订货、产品设计、生产到市场销售等各个环节以柔性方式集成起来的能发挥最大生产力的先进生产系统"。

21世纪以来：概念的深化。21世纪以来，随着物联网、大数据、云计算等新一代信息技术的快速发展及应用，智能制造被赋予了新的内涵，即新一代信息技术条件下的智能制造（Smart Manufacturing，SM）。2010年9月，美国在华盛顿举办的"21世纪智能制造的研讨会"指出，智能制造是对先进智能系统的强化应用，使得新产品的迅速制造，产品需求的动态响应以及对工业生产和供应链网络的实时优化成为可能。德国正式推出"工业4.0"战略，虽没明确提出智能制造概念，但包含了智能制造的内涵，即将企业的机器、存储系统和生产设施融入虚拟网络—实体物理系统（CPS）。在制造系统中，这些虚拟网络—实体物理系统包括智能机器、存储系统和生产设施，能够相互独立地自动交换信息、触发动作和控制。

综上所述，智能制造是将物联网、大数据、云计算等新一代信息技术与先进自动化技术、传感技术、控制技术、数字制造技术结合，贯穿设计、生产、管理、服务等制造活动各环节，实现工厂和企业内部、企业之间和产品全生命周期的实时管理和优化，具有信息深度自感知、智慧优化自决策、精准控制自执行等功能的先进制造过程、系统与模式的总称。

1.1.3 智能制造的特征

智能制造的发展不是一蹴而就的，而是一个循序渐进的过程。按照事物发展的内在规律，智能制造的发展大体可以划分为三个阶段。

第一阶段，单个生产企业的纵向集成。生产企业将生产过程的各个阶段集成互联，不断提高企业效率。一个典型的生产企业逐步使用越来越多的不同信息技术（IT），在几乎所有的传感器和电动机或驱动器中植入微处理器芯片，结合相关软件实现计算机控制。从制造过程中某个特定阶段或制造工艺的智能化，到逐步将各个制造环节的"信息孤岛"互联互通，系统集成，从而使数据在整个企业中得以共享。通过机器大数据的收集和人类智能的结合，推进工厂优化，改进企业管理绩效，大幅增加企业经济效益，提高工人操作安全性，并促进环境可持续发展。

第二阶段，生产企业间的横向集成。通过高性能计算平台将不同生产企业的数据源进行连接，将工厂的特定信息与原材料供应、客户需求进行连接，甚至可以利用智能电网，企业自动规划用电，在用电高峰期放缓生产，在用电低谷期加快生产。这将使更加安全生产、更加精确生产成为可能。

第三阶段，端对端集成，实现生产组织方式和商业模式的变革。通过贯穿整个价值链的工程化数字集成，实现基于价值链与不同企业之间的整合，从而最大限度地实现个性化定制，根本改变传统的商业模式和消费者的购买行为。

和传统的制造相比，智能制造具有几个鲜明的特点：

（1）自律能力 即具备搜集与理解环境和自身的信息，并进行分析判断和规划自身行为的能力。只有具有自律能力的设备，才能称为"智能机器"，而具备自律能力的"智能机器"是智能制造不可或缺的条件。

（2）人机一体化 人机一体化是一种混合智能，突出了人在制造系统中的核心地位；同时，在智能机器的配合下，更好地发挥出人的潜能，使人机之间表现出一种平等共事、相互"理解"、相互协作的关系，使两者在不同的层次上各显其能，相辅相成。因此，在智能制造系统中，高素质、高智能的人将发挥更好的作用，机器智能和人类智能将真正地集成在一起，互相配合，相得益彰。

（3）虚拟现实（Virtual Reality，VR）技术 这是实现虚拟制造的支持技术，也是实现高水平人机一体化的关键技术之一。虚拟现实技术是以计算机为基础，融信号处理、动画技术、智能推理、预测、仿真和多媒体技术为一体；借助各种音像和传感装置，虚拟展示现实生活中的各种过程、物件等，使人们从感官和视觉上获得接近真实的感受。这种人机结合的新一代智能技术，是智能制造的一个显著特征。

（4）自组织与超柔性 智能制造系统中的各组成单元能够依据工作任务的需要，自行组成一种最佳的组织结构。这种柔性不仅表现在运行方式上，还表现在结构形式上，所以称这种柔性为超柔性，如同一群人类专家组成的群体，具有生物特征。

图1-1 所示为智能制造生产线。

图1-1 智能制造生产线

1.2 智能制造的发展

智能制造是从20世纪80年代末发展起来的，最早的有关智能制造及系统方面的专著是由 Wrightfg MilaciC 等人编写的，随后 Kusiak 和 Pain 也相继出版了这方面的研究著作。在许多发达工业化国家，人工智能已被当作求解现代工业提出的问题的工具和方法。因此，这些专著仅着力于人工智能在制造业中的应用和智能系统研究与应用中提出的问题的求解、使用基于知识的系统（如级联结构系统）和优化方法来解决自动化制造环境中零件、产品、系统的设计与制造，以及自动化制造系统的规划与调度（管理）问题。先进的工业化国家在研究 FMS、CIMS、FA 及 AI 等的基础上，为了进行国际制造业的共同协作研究、开发、设计、生产、物流、信息流、经营管理乃至制造过程的集成化与智能化等而提出来的智能制造系统，也是为了解决各发达国家面临的企业活动全球化、重复投资增大、现场熟练技术工人不足和社会对产品的需求变化等因素而倡导国际制造业的合作。在并行智能制造及其相关技术与系统的研究方面，首推日本在 1990 年提议和倡导的日、美、欧之间建立的国际运营委员会、国际技术委员会和附属机构 IMS 中心。1991—1993 年 Barschdor 和 Monostori 等应用人工神经网络（ANNS）在制造过程中进行加工过程的建模、监测、诊断、自适应控制；通过神经网络的知识表示和学习能力，缩短 CIMS 的反应时间，提高产品的质量，使系统更可靠。而 Furukawa 则对智能机器的设计程序及它在自动导引车中的应用作了介绍。被称为是二十一世纪的制造技术的智能制造系统，目前国内外已相继开展了国际联合研究计划。智能制造系统与当前任何制造系统相比，在体系结构上有着根本意义上的不同，具体体现在：一是采用开放式系统设计策略。通过计算机网络技术，实现共享制造数据和制造知识，以保证系统质量。这是将计算机界先进的设计和开发思想融入制造系统的结果，因而使制造系统向拟人化的方向进一步发展。二是采用分布式多自主体智能系统设计策略，其基本思想是：赋予制造系统中各组成部分或子系统一定的自主权，使其形成一个封闭的具有完整功能的自主体，这些自主体以网络智能结点的形式连接在通信网络上，各个智能结点在物理上是分散的，在逻辑上是平等的。通过各结点的协同处理与合作，共同完成制造系统任务，实现人与人的知识在制造中的核心地位。

此外，生物制造与仿生机械学、生物自生长成形制造、绿色制造、产品绿色工艺（如 Near2Zero Waste）等也极大地丰富了智能制造的范畴，促进了智能制造系统的发展。

制造业是国民经济的支柱产业，是工业化和现代化的主导力量，是衡量一个国家或地区综合经济实力和国际竞争力的重要标志，也是国家安全的保障。当前，新一轮科技革命与产业变革风起云涌，以信息技术与制造业加速融合为主要特征的智能制造成为全球制造业发展的主要趋势。

工业发达国家经历了机械化、电气化、数字化三个历史发展阶段，具备了向智能制造阶段转型的条件。未来必然是以高度的集成化和智能化为特征的智能制造系统，取代制造中的人的脑力劳动为目标，即在整个制造过程中通过计算机将人的智能活动与智能机器有机融合，以便有效地推广专家的经验知识，从而实现制造过程的最优化、自动化、智能化。

当今世界制造业智能化发展的五大趋势。

趋势一：制造全系统、全过程应用建模与仿真技术

建模与仿真技术是制造业不可或缺的工具与手段。基于建模的工程、基于建模的制造、基于建模的维护作为单一数据源的数字化企业系统建模中的三个主要组成部分，涵盖从产品设计、制造到服务的产品全生命周期业务，从虚拟的工程设计到现实的制造工厂直至产品的上市流通，建模与仿真技术始终服务于产品生命周期的每个阶段，为制造系统的智能化及高效研究与运行提供了使能技术。

趋势二：重视使用机器人和柔性化生产

柔性与自动生产线和机器人的使用可以积极应对劳动力短缺和用工成本上涨。同时，利用机器人高精度操作，提高产品品质和作业安全，是市场竞争的取胜之道。以工业机器人为代表的自动化制造装备在生产过程中应用日趋广泛，在汽车、电子设备、奶制品和饮料等行业已大量使用基于工业机器人的自动化生产线。

趋势三：物联网和务联网在制造业中作用日益突出

通过虚拟网络——实体物理系统，整合职能机器、储存系统和生产设施。通过物联网、服务计算、云计算等信息技术与制造技术融合，构成制造务联网，实现软硬件制造资源和能力的全系统、全生命周期、全方位的透彻的感知、互联、决策、控制、执行和服务化，使得从入场物流配送到生产、销售、出厂物流和服务，实现泛在的人、机、物、信息的集成、共享、协同与优化的云制造。

趋势四：普遍关注供应链动态管理、整合与优化

供应链管理是一个复杂、动态、多变的过程。供应链管理更多地应用物联网、互联网、人工智能、大数据等新一代信息技术，更倾向于使用可视化的手段来显示数据，采用移动化的手段来访问数据。供应链管理更加重视人机系统的协调性，实现人性化的技术和管理系统。企业通过供应链的全过程管理、信息集中化管理、系统动态化管理实现整个供应链的可持续发展，进而缩短了满足客户订单的时间，提高了价值链协同效率，提升了生产效率，使全球范围的供应链管理更具效率。

趋势五：增材制造技术与工作发展迅速

增材制造技术（3D打印技术）是综合材料、制造、信息技术的多学科复合型技术。它以数字模型文件为基础，运用粉末状的沉积、黏合材料，采用分层加工或叠加成行的方式逐层增加材料来生成各三维实体。突出的特点是无须机械加工或模具，就能直接从计算机数据库中生成任何形状的物体，从而缩短研制周期、提高生产效率和降低生产成本。三维打印与云制造技术的融合将是实现个性化、社会化制造的有效制造模式与手段。

美国、欧洲、日本都将智能制造视为21世纪最重要的先进制造技术，是国际制造业科技竞争的制高点。综合分析我国智能制造发展迅速，取得了较为显著的成效，然而与工业发达国家及制造业快速发展的需求相比，依然存在以下问题。

其一，智能装备核心部件如传感器、控制系统、工业机器人、高压液压部件及系统等，主要还依赖进口，其价格、产能、服务、软件的适用性等严重制约和限制了智能制造的发展与推广。

其二，企业管理观念转变滞后，信息化人才缺乏，很难针对本企业的实施情况和特点制订整体的规划。

其三，大部分生产现场设备没有数字化的接口，无法采集数据及进行传递，难以用数字化、智能化的手段管理起来，即使一些设备具备一定的通信能力，但是不同生产厂商通信接口与信息接口不统一，很难进行系统的集成。

其四，先进软件大部分是国外开发，成本高，水土不服，影响企业数字化、智能化的积极性。

其五，"机器换人"是大部分制造企业的现实需求，而哪里换，如何换，系统地解决这一系列问题需要多方面的协调支持。

根据以上分析,发展智能制造应优先从以下行动入手:建立智能制造标准体系、突破关键部件和装置并实现产业化、大力推广数字化制造、开发核心工业软件、建立数字化/智能化工厂、发展服务型制造业、攻克共性关键技术、保障信息和网络安全、强化人才队伍建设等。

1.3 智能制造的意义

发展智能制造的核心是提高企业生产效率,拓展企业价值增值空间,主要表现在以下几个方面:

一是缩短产品的研制周期。通过智能制造,产品从研发到上市,从下订单到配送时间可以得以缩短。通过远程监控和预测性维护为机器和工厂减少高昂的停机时间,生产中断时间也得以不断减少。

二是提高生产的灵活性。通过采用数字化、互联和虚拟工艺规划,智能制造可以实现大规模批量定制生产,乃至个性化小批量生产。

三是创造新价值。通过发展智能制造,企业将实现从传统的"以产品为中心"向"以集成服务为中心"转变,将重心放在解决方案和系统层面上,利用服务在整个产品生命周期中实现新价值。

智能制造技术已成为世界制造业发展的客观趋势,世界上主要工业发达国家正在大力推广和应用。发展智能制造既符合我国制造业发展的内在要求,又是重塑我国制造业新优势,实现转型升级的必然选择。

1. 智能制造产业备受各国政府关注,发展前景广阔

当今,工业发达国家始终致力于以技术创新引领产业升级,更加注重资源节约、环境友好、可持续发展,智能化、绿色化已成为制造业发展的必然趋势,智能制造产业的发展将成为世界各国竞争的焦点。后金融危机时代,美国、英国等发达国家的"再工业化",重新重视发展高技术的制造业;德国、日本竭力保持在智能制造产业领域的优势和垄断地位;韩国也力求跻身世界制造强国之列。

我国已具备发展智能制造业的产业基础,取得了一大批相关的基础研究成果,掌握了长期制约我国产业发展的智能制造相关技术,如机器人技术、感知技术、复杂制造系统、智能信息处理技术等;攻克了一批长期严重依赖并影响我国产业安全的核心高端装备,如盾构机、自动化控制系统、高档数控机床等;建设了一批相关的国家级研发基地;培养了一大批长期从事相关技术研究开发工作的高技术人才。国家对智能制造的扶持力度不断加大。近年来,我国对智能制造的发展也越来越重视,越来越多的研究项目成立,研究资金也大幅增长。

2. 目前国内智能制造国产化率低,关键软硬件核心部件仍依赖于国外进口产品

当前,我国制造业面临来自发达国家加速重振制造业与发展中国家以更低生产成本承接国际产业转移的"双向挤压"。我国必须加快推进智能制造技术研发,提高其产业化水平,

以应对传统低成本优势削弱所面临的挑战。虽然我国智能制造技术已经取得长足进步，但其产业化水平依然较低，高端智能制造装备及核心零部件（如PLC、工业软件）仍然严重依赖进口，关键技术主要依靠国外的状况仍未从根本上改变。部分行业劳动密集型为主，附加值不高。目前，尽管中国制造业的技术创新有所提高，但自主开发能力仍较薄弱，研发投入总体不足，缺少自主知识产权的高新技术，缺乏世界一流的研发资源和技术知识，对国外先进技术的消化、吸收、创新不足，基本上没有掌握新产品开发的主动权。

3. 目前国内智能制造信息安全水平低下

我国智能制造行业信息安全防护手段比较单一，如在生产车间仅靠简单的网络物理隔离防范网络攻击；在信息化系统上主要依靠软件防火墙，计算机病毒等问题仍然时有发生。随着我国信息化和工业化的不断融合，工业控制系统作为智能制造装备和重要基础设施的核心，其安全可靠性尤为重要。目前，由于越来越多的工业控制系统与外网相连，加之智能制造系统的高端市场和核心技术受制于国外，安全保障措施和专业测评工具缺乏，我国的智能制造系统面临着严重的安全威胁。如果这些问题得不到妥善解决，势必会影响我国的信息化和现代化的进程。

4. 当前国内制造业质量成本过高，亟须进行智能制造业务的发展，打造智能工厂

一方面，生产过程的自动化程度较低，大部分工序仍由人工手工完成，产品质量对工人个人技术水平的依赖性高，人的疲劳、情绪、压力等都会使产品质量（尤其是精密零部件的加工）产生波动；另一方面，由于数据采集系统不完善、缺少车间生产管理系统，生产问题的反馈滞后，造成不必要的浪费。

1.4　全球智能制造现状与前景

全球新一轮科技革命和产业变革加紧孕育兴起，与我国制造业转型升级形成历史性交汇。智能制造在全球范围内快速发展，已成为制造业重要发展趋势，对产业发展和分工格局带来深刻影响，推动形成新的生产方式、产业形态、商业模式。发达国家实施"再工业化"战略，不断推出发展智能制造的新举措，通过政府、行业组织、企业等协同推进，积极培育制造业未来竞争优势。

经过几十年的快速发展，我国制造业规模跃居世界第一位，建立起门类齐全、独立完整的制造体系，但与先进国家相比，大而不强的问题突出。随着我国经济发展进入新常态，经济增速换档、结构调整阵痛、增长动能转换等相互交织，长期以来主要依靠资源要素投入、规模扩张的粗放型发展模式难以为继。加快发展智能制造，对于推进我国制造业供给侧结构性改革，培育经济增长新动能，构建新型制造体系，促进制造业向中高端迈进、实现制造强国具有重要意义。

随着新一代信息技术和制造业的深度融合，我国智能制造发展取得明显成效，以高档数控机床、工业机器人、智能仪器仪表为代表的关键技术装备取得积极进展；智能制造装备和先进工艺在重点行业不断普及，离散型行业制造装备的数字化、网络化、智能化步伐加快，

流程型行业过程控制和制造执行系统全面普及，关键工艺流程数控化率大大提高；在典型行业不断探索、逐步形成了一些可复制推广的智能制造新模式，为深入推进智能制造奠定了一定的基础。但目前我国制造业尚处于机械化、电气化、自动化、数字化并存，不同地区、不同行业、不同企业发展不平衡的阶段。发展智能制造面临关键共性技术和核心装备受制于人，智能制造标准/软件/网络/信息安全基础薄弱，智能制造新模式成熟度不高，系统整体解决方案供给能力不足，缺乏国际性的行业巨头企业和跨界融合的智能制造人才等突出问题。相对工业发达国家，推动我国制造业智能转型，环境更为复杂，形势更为严峻，任务更加艰巨。必须遵循客观规律，立足国情、着眼长远，加强统筹谋划，积极应对挑战，抓住全球制造业分工调整和我国智能制造快速发展的战略机遇期，使企业在智能制造方面走出一条具有中国特色的发展道路。

1.4.1 智能制造系统架构

智能制造系统是一种由智能机器和人类专家共同组成的人机一体化智能系统。智能工厂在制造过程中能以一种高度柔性与集成不高的方式，借助计算机模拟人类专家的智能活动进行分析、推理、判断、构思和决策等，从而取代或者延伸制造环境中人的部分脑力劳动。同时，收集、存储、完善、共享、集成和发展人类专家的智能。

自美国20世纪80年代提出智能制造的概念后，一直受到众多国家的重视和关注，纷纷将智能制造列为国家级计划并着力发展。

1. 德国

2013年4月，德国在汉诺威工业博览会上正式推出了"工业4.0"战略，其核心是通过信息物理系统（CPS）实现人、设备与产品的实时连通、相互识别和有效交流，构建一个高度灵活的个性化和数字化的智能制造模式。在这种模式下，生产由集中向分散转变，规模效应不再是工业生产的关键因素；产品由趋同向个性化转变，未来产品都将完全按照个人意愿进行生产，极端情况下将成为自动化、个性化的单件制造；用户由部分参与向全程参与转变，用户不仅出现在生产流程的两端，而且广泛、实时参与生产和价值创造的全过程。

德国"工业4.0"战略提出了三个方面的特征：一是价值网络的横向集成，即通过应用CPS，加强企业之间在研究、开发与应用的协同推进，以及在可持续发展、商业保密、标准化、员工培训等方面的合作；二是全价值链的纵向集成，即在企业内部通过采用CPS，实现从产品设计、研发、计划、工艺到生产、服务的全价值链的数字化；三是端对端系统工程，即在工厂生产层面，通过应用CPS，根据个性化需求定制特殊的IT结构模块，确保传感器、控制器采集的数据与ERP管理系统进行有机集成，打造智能工厂。

2013年12月，德国电气电子和信息技术协会发表了《德国"工业4.0"标准化路线图》，其目标是制定出一套单一的共同标准，形成一个标准化的、具有开放性特点的标准参考体系，最终达到通过价值网络实现不同公司间的网络连接和集成。德国"工业4.0"提出的标准参考体系是一个通用模型，适用于所有合作伙伴公司的产品和服务，提供了"工业4.0"相关的技术系统的构建、开发、集成和运行的框架，意图是将不同业务模型的企业采用的不同作业方法统一为共同的作业方法。

2. 美国

"工业互联网"的概念最早由通用电气于 2012 年提出，与"工业 4.0"的基本理念相似，倡导将人、数据和机器连接起来，形成开放的全球化的工业网络，其内涵已经超越制造过程及制造业本身，跨越产品生命周期的整个价值链。工业互联网和"工业 4.0"相比，更加注重软件、网络和大数据，目标是促进物理系统和数字系统的融合，实现通信、控制和计算的融合，营造一个信息物理系统的环境。

工业互联网系统由智能设备、智能系统和智能决策三大核心要素构成，数据流、硬件、软件和智能的交互。由智能设备和网络收集的数据存储之后，利用大数据分析工具进行数据分析和可视化，由此产生的"智能信息"可以由决策者进行实时判断处理，成为大范围工业系统中工业资产优化及战略决策过程的一部分。

智能设备：将信息技术嵌入装备中，使装备成为可智能互联产品。为工业机器提供数字化仪表是工业互联网革命的第一步，使机器和机器交互更加智能化，这得益于以下三个要素：

一是部署成本。仪器仪表的成本已大幅下降，从而有可能以一个比过去更经济的方式装备和监测工业机器。

二是微处理器芯片的计算能力。微处理器芯片持续发展已经达到了一个转折点，即使得机器拥有数字智能成为可能。

三是高级分析。"大数据"软件工具和分析技术的进展为了解由智能设备产生的大规模数据提供了手段。

智能系统：将设备互联形成的一个系统。智能系统包括各种传统的网络系统，但广义的定义包括了部署在机组和网络中并广泛结合的机器仪表和软件。随着越来越多的机器和设备加入工业互联网，可以实现跨越整个机组和网络的机器仪表的协同效应。智能系统的构建整合了广泛部署智能设备的优点。当越来越多的机器连接在一个系统中，久而久之，结果将是系统不断扩大并能自主学习，而且越来越智能化。

智能决策：大数据和互联网基础上实时判断处理。当从智能设备和系统收集到了足够的信息来促进数据驱动型学习时，智能决策就发生了，从而使一个小机组网络层的操作功能从运营商传输到数字安全系统。

2014 年 3 月，美国通用电气、IBM、思科、英特尔和 AT&T 五家行业龙头企业联手组建了工业互联网联盟（IIC），其目的是通过制定通用标准，打破技术壁垒，使各个厂商设备之间可以实现数据共享，利用互联网激活传统工业过程，更好地促进物理世界和数字世界的融合。工业互联网联盟已经开始起草工业互联网通用参考架构，该参考架构将定义工业物联网的功能区域、技术及标准，用于指导相关标准的制定，帮助硬件和软件开发商创建与物联网完全兼容的产品，最终目的是实现传感器、网络、计算机、云计算系统、大型企业、车辆和数以百计其他类型的实体得以全面整合，推动整个工业产业链的效率全面提升。

3. 我国智能制造系统架构的设想

智能制造是互联网时代的一场再工业化的革命，是制造业发展的未来方向，也是推动我国经济发展的关键动力。而经历过去工业化和工业智能化进程的发达国家制造业，对于正在起步的国内制造业企业，无疑有很多东西值得去分析、研究和借鉴。我国的智能制造系统架构，应该是一个通用的制造体系模型，其作用是为智能制造的技术系统提供构建、开发、集成和运行的框架；其目标是指导以产品全生命周期管理形成价值链主线的企业，实现研发、生产、服务的智能化，通过企业间的互联和集成建立智能化的制造业价值网络，形成具有高度灵活性和持续演进优化特征的智能制造体系。

（1）基本架构　智能制造系统是供应链中的各个企业通过由网络和云应用为基础构建的制造网络实现相互链接所构成的。企业智能制造系统的构成是由企业计算与数据中心、企业管控与支撑系统、为实现产品全生命周期管理集成的各类工具共同构成。智能制造系统具有可持续优化的特征。智能制造系统（图1-2）可分为五层：第一层是生产基础自动化系统；第二层是制造执行系统；第三层是产品全生命周期管理系统；第四层是企业管控与支撑系统；第五层是企业计算与数据中心。

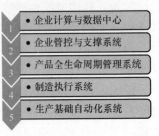

图1-2　智能制造系统架构

（2）具体构成

1）生产基础自动化系统。主要包括生产现场设备及其控制系统。其中生产现场设备主要包括传感器、智能仪表、PLC、机器人、机床、检测设备、物流设备等。控制系统主要包括：适用于流程制造的过程控制系统、适用于离散制造的单元控制系统和适用于运动控制的数据采集与监控系统。

2）制造执行系统。制造执行系统包括不同的子系统功能模块（计算机软件模块）。典型的子系统有：制造数据管理系统、计划流程管理系统、生产调度管理系统、库存管理系统、质量管理系统、人力资源管理系统、设备管理系统、工具工装管理系统、采购管理系统、成本管理系统、项目看板管理系统、生产过程控制系统、底层数据集成分析系统、上层数据集成分解系统等。

3）产品全生命周期管理系统。产品全生命周期管理系统横向上可以主要分为研发设计、生产和服务三个环节。研发设计环节功能主要包括产品设计、工艺仿真、生产仿真。仿真和现场应用能够对产品设计进行反馈，促进设计提升，在研发设计环节产生的数字化产品原型是生产环节的输入要素之一。生产环节涵盖了上述的生产基础自动化系统和制造执行系统包括的内容。服务环节通过网络实现的功能主要有实时监测、远程诊断和远程维护。应用大数据对监测数据进行分析，形成和服务有关的决策，指导诊断和维护工作，新的服务记录将被采集到数据系统。

4）企业管控与支撑系统。企业管控与支撑系统包括不同的子系统功能模块，典型的子系统有：战略管理、投资管理、财务管理、人力资源管理、资产管理、物资管理、销售管理、健康安全与环保管理等。

5）企业计算与数据中心。主要包括网络、数据中心设备、数据存储和管理系统、应用软件，为企业实现智能制造提供计算资源、数据服务及具体的应用功能，能够提供可视化的应用界面。

如为识别用户需求建设的面向用户的电子商务平台、产品研发设计平台、制造执行系统运行平台、服务平台等都需要以企业计算与数据中心为基础，可以实现各类型的应用软件交互和有序工作，各子系统实现全系统信息共享。

1.4.2　智能制造行业应用

智能化将进一步提高制造系统的柔性化和自动化水平，使生产系统具有更完善的判断与适应能力，也将会显著减少制造过程物耗、能耗，提升传统制造业的水平。图 1-3 所示为智能制造应用框架。图 1-4 所示为智能工厂框架。

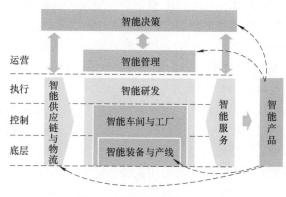

图 1-3　智能制造应用框架

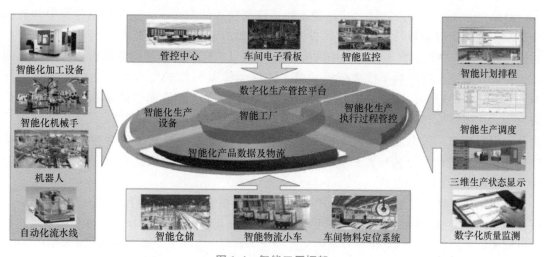

图 1-4　智能工厂框架

徐州工程机械集团有限公司是国内首家建设物联网的企业之一，通过物联网，客户服务中心能够提供主动式服务，通过电话短信等纠正客户的不规范操作、提醒必要的养护操作、预防故障的发生。物联网也使徐州工程机械集团有限公司在生产线上实现了零库存，按生产节拍供货。在实现物联网技术运用的规划里，徐州工程机械集团有限公司要借助物联网技术实现对各地在役设备的 24h 在线实时定位跟踪和健康监控、监视装备的作业情况和机器性能变化、预测预警事故的发生、出现故障及时报警、变被动维修为预防性维护。制造业的信息化，如今已不仅是管理阶段的信息化，更是发展到以信息化创新研发设计，从而提升产业自主创新能力。例如隆鑫通用动力股份有限公司利用计算机掌握生产情况，可以清楚查阅企业资金流、信息流、物流，甚至可以看到车间情况。制造向制造服务型转化也非常明显，这一转型可以推动信息化与生产性服务业融合发展，加快生产性服务业的现代化，支持制造企业围绕产品智能化、高端化和服务化创新商业模式。

例1-1 智能化钻井技术

目前，智能化自动钻井的雏形已经形成，正在逐步成熟完善，并取得了初步的效果，薄油层钻井已经可以达到 0.8m 以下。以随钻地质参数测量，包括已经研制成功的近钻头井斜、方位伽马、方位电阻率和正在攻关的随钻中子、密度、孔隙度等参数为"眼睛"，使钻头学会自己找油层；以随钻地震等参数为"探照灯"，让钻头"看"得更远、看到的信息更丰富；以地质导向钻井技术、旋转导向钻井技术和自动垂直钻井系统为"方向盘"，让钻头自动朝着油层钻探；以信息技术为"望远镜"，对井场综合信息进行实时采集、分析、处理，实现钻井远程专家实时诊断与指挥。

伴随着机械制造业的技术不断发展，用户对产品的质量要求也越来越高。计算机技术、网络通信技术在装备上的迅速应用，使用户行业的工艺技术不断集成在装备中，与装备制造业的产品技术相结合，形成了新的装备，满足了用户不断增长的需求。装备制造业的产品技术正向信息集成、接口集成、系统集成的方向发展，同时生产过程自动化、智能化水平不断提高。

例1-2 智能化应用于轧制过程

目前，传统的轧制力计算公式已经不能适应高精度的要求，在轧制控制过程中和轧机设备设计过程中应用数学建模和仿真技术成为主要方法。我国近年来开展了"热轧工艺的模拟和优化""人工智能在轧钢中的应用"等研发工作，提出连轧数模参数智能优化的思想，开发了连轧过程数学模型解析工具，使数学模型的维护与参数优化由个人行为变为计算机的智能行为，形成具有我国特色的轧制过程数模调优理论体系和实用方法。目前，国内正在开发热连轧精轧机组负荷分配智能优化技术，既可以对压下量的分配进行优化，以实现板形控制和负荷均衡的目标，又可以通过智能算法从实际生产积累的大量数据中提炼出最优的工艺参数，从而稳定和优化产品质量。智能化有助于缓解环境和能源对机械制造业的瓶颈制约。

智能化在提高专业化分工与协作配套，促进生产要素的有效集聚和优化配置，降低成本以及节约社会资源、能源等方面具有重要作用。2009 年 5 月，国家电网公司发布了以特高压电网为骨干网架，以信息化、自动化、互动化为特征的坚强智能电网概念，并明确了公司建设坚强智能电网的战略目标和发展路线。智能电网现已成为世界电网发展的共同趋势。世界各国特别是欧美等发达国家，根据各自的国情及电力工业特点提出了不同的智能电网定义，其核心理念都是利用现代信息通信、控制等先进技术，提升电网的智能化水平，适应可再生能源接入、双向互动等多元化电网服务要求，提供安全可靠、经济高效的可持续电力供应。通过提升发电利用率、输电效率和电能在终端用户的使用效率，以及推动水电、核电、风能及太阳能等清洁能源开发利用，每年可以带来巨大的节能减排和能源替代效益。

信息化、智能化技术将推动机械制造业生产方式发生全新的改变。未来的机械制造将是由信息主导的，并采用先进生产模式、先进制造系统、先进制造技术和先进组织管理方式的全新的机械制造业。我国的离散型制造主要集中在机械加工、电子元器件制造、汽车等行业，信息化为具有离散特点的机械制造业进行协同制造创造了条件。

信息技术将促进设计技术的现代化，加工制造的精密化、快速化，自动化技术的柔性化、智能化，整个制造过程的网络化、智能化、全球化。各种先进生产模式也无不以智能信息技术的发展为支撑。智能信息技术将改变机械制造业的设计方式、生产方式、管理方式和服务方式。信息化、智能化技术为现代制造服务业提供了技术保障。

开展增值服务是机械制造业转型升级的重要途径。借助信息化技术手段，制造业服务的模式得以不断改进和优化，服务得以向业务链的前后端延伸，能够不断优化服务内容，持续改进服务质量。

例 1-3　信息化、智能化在数控机床服务中的应用

未来数控机床的一种趋势是网络化，通过开放式的 CNC 同网络的连接，企业能够跟踪并收集车间的机床生产情况等信息。机床数据也能够在用户与设备供应商之间共享。当数控系统产生故障时，数控系统生产厂家可以通过互联网对用户的数控系统进行快速诊断与维护，从而大大减少维护的盲目性，提高设备完好率。满足用户对数控机床的远程故障监控、故障诊断、故障修复的要求。

进入 21 世纪以来，发达国家纷纷调整其产业政策与技术政策，将高新技术的重点和科技发展的热点转向产业技术（主要是智能化制造技术）领域，使智能化制造技术由传统意义上的单纯机械加工技术转变为集机械、电子、材料、信息和管理等技术于一体的先进制造技术，并加速用现代智能化制造技术改造和提升传统制造业，实现制造业的高技术化。

当前，国际智能制造采用或准备采用的先进制造技术主要体现在：

1）新型（非常规）加工方法的发展，包括激光加工技术、电磁加工技术、超塑加工技术及两种以上加工方法复合应用等。

2）专业、学科间交叉融合。冷热加工、加工过程、检测过程、物流过程、工艺设计、材料应用等方面，关系越来越密切。

3）工艺研究由"经验"走向"定量分析"。

4）高新技术与传统工艺紧密结合，使传统工艺产生显著的、本质的变化，极大地提高生产效率和产品质量。

5）常规制造工艺的优化，以形成优质高效、低耗、少污染的制造技术为主要目标。

6）以计算机与网络技术为核心，智能化与智理化。

智能制造系统最终要从以人为主要决策核心的人机和谐系统向以机器为主体的自主运行转变，这就要求智能系统最终必须能够像人一样具备做出符合人文伦理和生态环境伦理的行为。因此，当前在我国智能化发展初期就应当明确智理化（既智能又符合伦理标准）发展的大方向。

1.4.3　智能制造产业发展前景

中投顾问在《2016—2020 年中国智能制造行业深度调研及投资前景预测报告》中指出，中国的制造业迫切需要转型，但转型中存在着巨大的变革机会。从劳动效率、资源利用效率、客户需求三方面看，和发达国家相比，中国制造业仍有巨大的提升空间，这将首先形成一轮巨大的产业机遇，并有望实现弯道超车。届时，中国制造业将具备和发达国家竞争的实力，其带来的产业机会和投资机遇将更具想象空间。

"中国制造 2025" 发展规划将在我国制造业转型升级中起到至关重要的推进作用，因此相应的领域将会在未来几年率先形成投资机会。目前，"中国制造 2025" 发展规划已经确立

了新一代信息技术、节能与新能源汽车、先进轨道交通装备在内的十大重点发展领域，这十大领域将会成为未来几年与制造业相关的创投热点。图1-5所示为中国智能制造行业发展历程。

图1-5 中国智能制造行业发展历程

1.5 智能制造体系

数十年来，智能制造在演化中形成了许多不同范式，包括精益生产、柔性制造、并行工程、敏捷制造、数字化制造、计算机集成制造、网络制造、云制造、智能化制造等，在指导制造业智能转型中发挥了积极作用。众多范式不利于形成统一的智能制造技术路线，给企业在推进智能升级的实践中造成了许多困扰。面对着智能制造不断涌现的新技术、新理念、新模式，迫切需要归纳总结出基本范式。

时任中国工程院院长周济院士提出了三种智能制造的基本范式：

数字化制造——智能制造的基础。

数字化网络化制造——"互联网+制造"或第二代智能制造。

数字化网络化智能化制造——新一代智能制造。

智能制造三个基本范式次第展开、迭代升级。一方面，三个基本范式体现着国际上智能制造发展历程中的三个阶段；另一方面对我国而言，必须发挥后发优势，采取三个基本范式"并行推进、融合发展"的技术路线。

1.5.1 数字化制造

数字化制造是智能制造第一种基本范式，可以称为第一代智能制造，是智能制造的基础。以计算机数字控制为代表的数字化技术广泛运用于制造业，形成"数字一代"创新产品和以计算机集成系统（CIMS）为标志的集成解决方案。

20世纪80年代以来，我国企业推动数字化制造取得了巨大的进步。但应该认识到我国大多数企业和广大中小企业没有完成数字化转型，面对这样的现实，在推进智能制造过程当中必须实事求是，踏踏实实完成数字化补课，进一步夯实智能制造发展基础。

需要说明的是，数字化制造是智能制造的基础，它的内涵不断发展，贯穿于智能制造的三个基本范式和全部发展历程。这里定义的数字化制造是作为第一种基本范式的数字化制造，是一种相对狭义的定位，国际上有比较广义的定位和理论，在他们的理论看来，数字化制造就等于智能制造。

1.5.2 数字化网络化制造

数字化网络化制造，是智能制造第二种基本范式，也称为"互联网＋制造"或第二代智能制造。20世纪末互联网技术开始广泛运用，"互联网＋"不断推进制造业和互联网融合发展，网络将人、数据和事物连接起来，通过企业内、企业间的协同，以及各种社会资源的共享和集成，重塑制造业价值链，推动制造业从数字化制造向数字化网络化制造转变。

德国"工业4.0"和美国工业互联网完善地阐述了数字化网络化制造范式，提出了实现数字化网络化制造的技术路线。我国工业界大力推进"互联网＋制造"，一方面一批数字化制造基础较好的企业成功转型，实现了数字化网络化制造。另一方面，大量原来还未完成数字化制造的企业，则采用并行推进数字化制造和数字化网络化制造的技术路线，完成了数字化制造的"补课"，同时跨越到数字化网络化制造阶段。

今后一个较长时间阶段，我国推进智能制造的重点是大规模地推广和全面应用数字化网络化制造，即第二代智能制造。

1.5.3 数字化网络化智能化制造——新一代智能制造

数字化网络化智能化制造，是智能制造的第三种基本范式，可以称为新一代智能制造。近年来人工智能加速发展，实现了战略性突破，先进制造技术和新一代人工智能技术深度融合，形成了新一代智能制造，也称为数字化网络化智能化制造。新一代智能制造的主要特征表现在制造系统具备了学习能力，通过将深度学习、增强学习等技术应用于制造领域，知识产生、获取、运用和传承效率发生革命性变化，显著提高创新与服务能力。新一代智能制造是真正意义上的智能制造。

并行推进、融合发展的技术路线。智能制造在西方发达国家是一个串联式的发展过程，数字化、网络化、智能化是西方顺序发展智能制造的三个阶段，我们不能够走西方顺序发展老路，他们是用几十年时间，充分发展了数字化制造之后，再发展数字化网络化制造，进而也已经开始发展新一代智能制造。我们不能走这条路，如果是这样，就无法完成中国制造业转型升级的历史性任务。必须充分发挥后发优势，采取"并联式"发展方式，要数字化、网络化、智能化并行推进，融合发展。

一方面必须坚持创新引领，直接利用互联网、大数据、人工智能等最先进的技术，瞄准高端方向，加快研究、开发、推广、应用新一代智能制造技术，走出一条推进智能制造的新路，实现我国制造业的换道超车。

另一方面，必须实事求是，循序渐进，分阶段地推进企业的技术改造、智能升级。针对我国大多数企业尚没有完成数字化转型这样一个基本国情，各个企业都必须补上"数字化转型"这一课，补好智能制造基础。我们是走了一条新路，不能先实现数字化，再搞网络化。

当然，在"并行推进"不同的基本范式的过程中，各个企业可以充分运用成熟的先进技术，根据自身发展的实际需要，"以高打低、融合发展"，在高质量完成"数字化补课"的同时，实现向更高的智能制造水平的迈进。

思考题

1. 什么是智能制造？智能制造在各国的发展现状是什么？
2. 智能制造的发展历程是什么？
3. 智能制造的特征是什么？智能制造的发展趋势是什么？
4. 我国智能制造的现状和基本构架是什么？
5. 智能制造的基本范式是什么？

"两弹一星"功勋科学家：
最长的一天

第 2 章

智能制造装备技术

2.1　机器人技术

机器人技术集中了机械工程、电子技术、计算机技术、自动控制理论及人工智能等多学科的最新研究成果，代表了机电一体化的最高成就，是当代科学技术发展最活跃的领域之一。自20世纪60年代初机器人问世以来，发展至今，已取得了实质性的进步和成果。

在工业发达国家，工业机器人经历近半个世纪的迅速发展，其技术日趋成熟，在汽车行业、机械加工行业、电子电气行业、橡胶及塑料行业、食品行业、物流、制造业等工业领域得到广泛的应用。工业机器人作为先进制造业中不可替代的重要装备和手段，已成为衡量一个国家制造业水平和科技水平的重要标志。《国务院关于加快培育和发展战略性新兴产业的决定》明确指出："发展战略性新兴产业已成为世界主要国家抢占新一轮经济和科技发展制高点的重大战略"。该决定将"高端装备制造产业"列为7大战略性新型产业之一。工业机器人行业作为高端装备制造产业的重要组成部分，未来发展空间巨大。

2.1.1　机器人的定义

虽然机器人问世已有几十年，但目前关于机器人仍然没有一个统一、严格、准确的定义。其原因之一就是机器人还在发展，新的机型不断涌现，机器人可实现的功能不断增多。根本原因是机器人涉及了人的概念，这就使什么是机器人成为一个难以回答的哲学问题。

美国机器人工业协会（RIA）给出的定义：机器人是一种用于移动各种材料、零件、工具或专用装置，通过可编程序动作来执行各种任务并具有编程能力的多功能机械手。

日本工业机器人协会（JIRA）给出的定义：一种带有存储器件和末端操作器的通用机械，它能够通过自动化的动作替代人类劳动。

我国科学家对机器人的定义是：机器人是一种自动化的机器，所不同的是这种机器具有一些与人或生物相似的智能能力，如感知能力、规划能力、动作能力和协同能力，是一种具有高度灵活性的自动化机器。

2.1.2　工业机器人的分类

关于机器人的分类，国际上没有指定统一的标准。从不同的角度，机器人有不同的分类方法。按应用领域分类，机器人可分为3类：产业机器人、极限作业机器人和服务型机器人。

（1）产业机器人　按照服务产业种类的不同，机器人又可分为工业机器人、农业机器人、林业机器人和医疗机器人等。

（2）极限作业机器人　极限作业机器人是指应用于人们难于进入的极限环境，如核电站、宇宙空间、海底等，在这些特殊环境完成作业任务的机器人。

（3）服务型机器人　服务机器人是指用于非制造业并服务于人类的各种先进机器人，包括娱乐机器人、福利机器人、保安机器人等。

本节主要对工业机器人进行介绍。按从低级到高级的发展程度，工业机器人可分为以下几类：

1）第一代机器人是指只能以示教—再现方式工作的工业机器人。

2）第二代机器人带有一些可感知环境的装置，可通过反馈控制使其在一定程度上适应变化的环境。

3）第三代机器人是智能机器人，它具有多种感知功能，可进行复杂的逻辑推理、判断及决策，可在作业环境中独立行动，具有发现问题并自主地解决问题的能力。这类机器人具有高度的适应性和自治能力。

4）第四代机器人为情感型机器人，它具有人类式的情感。具有情感是机器人发展的最高层次，也是机器人科学家的梦想。

按控制方式可将工业机器人分为操作机器人、程序机器人、示教—再现机器人、数控机器人和智能机器人等。

（1）操作机器人（Operating Robot）　操作机器人是指人可在一定距离处直接操纵其进行作业的机器人。通常采用主、从方式实现对操作机器人的遥控操作。

（2）程序机器人（Sequence Control Robot）　程序机器人可按预先给定的程序、条件、位置等信息进行作业，其在工作过程中的动作顺序是固定的。

（3）示教—再现机器人（Playback Robot）　示教—再现机器人的工作原理是：由人操纵机器人执行任务，并记录这些动作，机器人进行作业时按照记录的信息重复执行同样的动作。示教—再现机器人的出现标志着工业机器人广泛应用的开始。示教—再现方式目前仍然是工业机器人控制的主流方法。

（4）数控机器人（Numerical Control Robot）　数控机器人动作的信息由编制的计算机程序提供，数控机器人依据这一信息进行作业。

（5）智能机器人（Intelligent Robot）　智能机器人具有触觉、力觉或简单的视觉以及能感知和理解外部环境信息的能力，或更进一步增加自适应、自学习功能，即使其工作环境发生变化，也能够成功地完成作业任务。它能按照人给的"宏指令"自选或自编程序去适应环境，并自动完成更为复杂的工作。

按臂部的运动形式可分为4种：直角坐标机器人（图2-1）、圆柱坐标机器人（图2-2）、球坐标机器人（图2-3）和关节机器人（图2-4）。直角坐标机器人的臂部可沿3个直角坐标移动；圆柱坐标机器人的臂部可做升降、回转和伸缩动作；球坐标机器人的臂部能回转、俯仰和伸缩；关节机器人的臂部有多个转动关节。

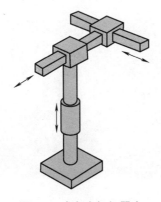

图2-1　直角坐标机器人

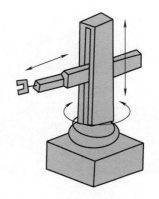

图2-2　圆柱坐标机器人

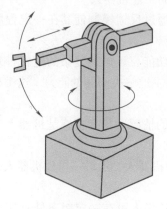

图 2-3　球坐标机器人　　　　　　　　　　图 2-4　关节机器人

　　按执行机构运动的控制机能，又可分点位型和连续轨迹型。点位型只控制执行机构由一点到另一点的准确定位，适用于机床上下料、点焊和一般搬运、装卸等作业；连续轨迹型可控制执行机构按给定轨迹运动，适用于连续焊接和涂装等作业。如图 2-5 ~ 图 2-8 所示。

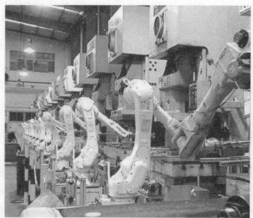

图 2-5　上下料机器人

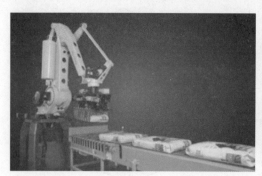

图 2-6　搬运码垛机器人

图2-7 焊接机器人

图2-8 涂装机器人

按照程序输入方式分为编程输入型和示教输入型。编程输入型是将计算机上已经编好的作业程序文件，通过RS232串口或者以太网等通信方式传送到机器人控制柜。示教输入型的示教方法有两种：一种是由操作者用手动控制器（示教盒），将指令信号传给驱动系统，使执行机构按要求的动作顺序和运动轨迹操演一遍；另一种是由操作者直接领动执行机构，按要求的动作顺序和运动轨迹操演一遍。在示教过程的同时，工作程序的信息即自动存入程序存储器中，在机器人自动工作时，控制系统从程序存储器中检出相应信息，将指令信号传给驱动机构，使执行机构再现示教的各种动作。示教输入程序的工业机器人即为示教再现机器人。

2.1.3 工业机器人的系统组成

工业机器人是面向工业领域的多关节机械手或多自由度的机器人，是一类能根据存储装置中预先编制好的程序，依靠自身动力实现各种功能的一种自动化机器。图2-9所示为工业机器人系统的基本组成。

由图2-9可知，工业机器人是一个闭环系统，通过运动控制器、伺服驱动器、机械本体、传感器等部件完成人们需要的功能。机械本体即机座和执行机构，包括臂部、腕部和手部，有的机器人还有行走机构。大多数工业机器人有3~6个自由度，其中腕部通常有1~3个自由度。伺服驱动器包括动力装置和传动机构，使执行机构产生相应的动作。运动控制器

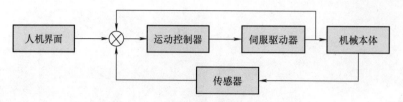

图 2-9　工业机器人系统的基本组成

是按照输入的程序对驱动系统和执行机构发出指令信号，并进行控制。

关节机器人一般采用关节型的机械结构，每个关节由独立的驱动电动机控制，通过计算机对驱动单元的功率放大电路进行控制，实现机器人的运动控制操作。关节机器人控制系统原理流程图如图 2-10 所示。

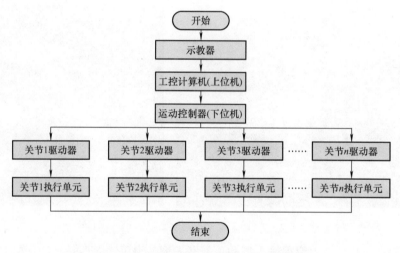

图 2-10　关节机器人控制系统原理流程图

由图 2-10 可知，关节机器人的组成由示教器、工控计算机（上位机）、运动控制器（下位机）、机器人本体等组成，通过机器人末端安装不同的操作器来实现不同的功能。示教器可对机器人状态进行监控及发出运动指令，是人和机器人信息交互的唯一窗口；工控计算机（上位机）实现对伺服电动机的控制，从而控制机械手臂运动；运动控制器（下位机）是各个关节的位姿运算单元，正解和逆解程序的执行、运行都在其中计算；机器人本体是执行机构，是实现要求功能的最直接部件。

2.1.4　工业机器人的特点

工业机器人有以下显著的特点：

（1）可重复编程　生产自动化的进一步发展是柔性自动化。工业机器人可随其工作环境变化的需要而再编程，因此它在小批量多品种具有均衡高效率的柔性制造过程中能发挥很好的功用，是柔性制造系统中的一个重要组成部分。

（2）拟人化　工业机器人在机械结构上有类似人的行走、腰转、大臂、小臂、手腕、手爪等部分，在控制上有计算机。此外，智能化工业机器人还有许多类似人类的"生物传感器"，如皮肤型接触传感器、力传感器、负载传感器、视觉传感器、声觉传感器、语言功能等。传感器提高了工业机器人对周围环境的自适应能力。

（3）通用性　除了专门设计的专用的工业机器人外，一般工业机器人在执行不同的作业任务时具有较好的通用性。例如，更换工业机器人手部末端操作器（手爪、工具等）便可执行不同的作业任务。

（4）技术先进　工业机器人集精密化、柔性化、智能化、网络化等先进制造技术于一体，通过对过程实施检测、控制、优化、调度、管理和决策，实现增加产量、提高质量、降低成本、减少资源消耗和环境污染，是工业自动化水平的最高体现。

（5）技术升级　工业机器人与自动化成套装备具有精细制造、精细加工及柔性生产等技术特点，是继动力机械、计算机之后，出现的全面延伸人的体力和智力的新一代生产工具，是实现生产数字化、自动化、网络化及智能化的重要手段。

（6）应用领域广泛　工业机器人与自动化成套装备是生产过程的关键设备，可用于制造、安装、检测、物流等生产环节，并广泛应用于汽车整车及汽车零部件、工程机械、轨道交通、低压电器、电力、IC 装备、军工、烟草、冶金等行业，应用领域非常广泛。

（7）技术综合性强　工业机器人与自动化成套技术，集中并融合了众多学科，涉及多项技术领域，包括微电子技术、计算机技术、机电一体化技术、工业机器人控制技术、机器人动力学及仿真、机器人构件有限元分析、激光加工技术、模块化程序设计、智能测量、建模加工一体化、工厂自动化及精细物流等先进制造技术。第三代智能机器人不仅具有获取外部环境信息的各种传感器，还具有记忆能力、语言理解能力、图像识别能力、推理判断能力等人工智能，其技术综合性强。

2.1.5　工业机器人的关键核心技术

我国工业机器人尽管在某些关键技术上有所突破，但还缺乏整体核心技术的突破，特别是在制造工艺与整套装备方面，缺乏高精密、高速与高效的减速机、伺服电动机、控制器等关键部件。需要对关键技术开展攻关，掌握以下核心技术：模块化、可重构的工业机器人新型机构设计；基于实时系统和高速通信总线的高性能开放式控制系统；在高速、重载工作环境下的工业机器人优化设计；高精度工业机器人的运动规划和伺服控制；基于三维虚拟仿真和工业机器人的生产线集成技术；复杂环境下机器人动力学控制；工业机器人故障远程诊断与修复技术等。

1. 工业机器人的核心零部件

工业机器人核心零部件包括高精度减速机、伺服电动机、驱动器及控制器，它们对整个工业机器人的性能指标起着关键作用，由通用性和模块化的单元构成。以安徽埃夫特机器人为例，其关键零部件如图 2-11 所示。

我国工业机器人的关键部件，尤其是在高精密减速机方面，和技术发达国家的差距尤为突出，制约了我国国产工业机器人产业的成熟及国际竞争力的形成。在工业机器人的诸多技术方面仍停留在仿制层面，创新能力不足，制约了工业机器人市场的快速发展；存在重视工业机器人的系统研发，但忽视关键技术突破，使得工业机器人的某些核心技术处于试验阶段，制约了我国机器人产业化进程。致使我国工业机器人的关键部件主要依赖进口。

图 2-11　工业机器人关键零部件

2. 工业机器人灵巧操作技术

工业机器人机械臂和机械手在制造业应用中有时需要进行模仿人手的灵巧操作。通过在高精度高可靠性感知、规划和控制性方面开展关键技术研发，使机械手达到人手级别的触觉感知阵列，其动力学性能超过人手，能够进行整只手的握取，并能实现像加工厂工人一样在加工制造过程中灵活的操作。

在工业机器人的创新机构和高效率驱动器方面，通过改进机械结构和执行机构可以提高工业机器人的精度、可重复性、分辨率等各项性能。工业机器人驱动器和执行机构的设计、材料的选择，需要考虑工业机器人的驱动安全性。创新机构集中在提高机器人的自重/负载比、降低排放、合理化人与机械之间的交互机构等。

3. 工业机器人自主导航技术

在由静态障碍物、车辆、行人和动物组成的非结构化环境中实现安全的自主导航，对装配生产线上对原材料进行装卸处理的搬运机器人、原材料到成品的高效运输的 AGV 工业机器人以及类似于入库存储和调配的后勤操作、采矿和建筑装备的工业机器人均为关键技术，需要进一步进行深入研发和技术攻关。一个典型的应用为无人驾驶汽车的自主导航，通过研发实现在有清晰照明和路标的任意现代化城镇中行驶，并使其在安全性方面可以与有人驾驶车辆相提并论。自动驾驶车辆在一些领域甚至能比人类驾驶做得还好，如自主导航通过矿区或者建筑区、倒车入库、并排停车以及紧急情况下的减速和停车等。

4. 工业机器人环境感知与传感技术

未来的工业机器人将大大提高自身的感知系统，以检测机器人及周围设备的任务进展情况，并能够及时检测部件和产品组件的生产情况、估算出生产人员的情绪和身体状态，需要攻克高精度的触觉、力觉传感器和图像解析算法，重大的技术挑战包括非侵入式的生物传感器及表达人类行为和情绪的模型。通过高精度传感器构建用于装配任务和跟踪任务进度的物理模型，以减少自动化生产环节中的不确定性。

多品种小批量生产的工业机器人将更加智能，更加灵活，而且将可在非结构化环境中运行，并且这种环境中有人类/生产者参与，从而增加了对非结构化环境感知与自主导航的难度，需要攻克的关键技术主要为3D环境感知的自动化，使机器人在非结构环境中也可实现批量生产产品。

5. 工业机器人的人机交互技术

未来工业机器人的研发中越来越强调新型人机合作的重要性，需要研究全侵入式图形化环境，三维全息环境建模，真实三维虚拟现实装置以及力、温度、振动等多物理作用效应人机交互装置。为了达到机器人与人类生活行为环境以及人类自身和谐共处的目标，需要解决的关键问题包括：机器人本质安全问题，保障机器人与人及环境间的绝对安全共处；任务环境的自主适应问题，自主适应个体差异、任务及生产环境；多样化作业工具的操作问题，灵活使用各种执行器完成复杂操作；人-机高效协同问题，准确理解人的需求并主动协助。

在生产环境中，注重人类与机器人之间交互的安全性。根据终端用户的需求设计工业机器人系统以及相关产品和任务，将保证人机交互的自然，不但是安全的而且效益更高。人和机器人的交互操作设计包括自然语言、手势、视觉和触觉技术等，也是未来机器人发展需要考虑的问题。工业机器人必须容易示教，而且人类易于学习如何操作。机器人系统应设立学习辅助功能，以实现机器人的使用、维护、学习和错误诊断/故障恢复等。

6. 基于实时操作系统和高速通信总线的工业机器人开放式控制系统

基于实时操作系统和高速通信总线的工业机器人开放式控制系统，采用基于模块化结构的机器人的分布式软件结构设计，实现机器人系统不同功能之间无缝连接，通过合理划分机器人模块，降低机器人系统集成难度，提高机器人控制系统软件体系实时性；攻克现有机器人开源软件与机器人操作系统兼容性、工业机器人模块化软硬件设计与接口规范及集成平台的软件评估与测试方法、工业机器人控制系统硬件和软件开放性等关键技术；综合考虑总线实时性要求，攻克工业机器人伺服通信总线，针对不同应用和不同性能的工业机器人对总线的要求，攻克总线通信协议，支持总线通信的分布式控制系统体系结构，支持典型多轴工业机器人控制系统及与工厂自动化设备的快速集成。

2.1.6 工业机器人技术应用现状及发展趋势

工业机器人技术正逐渐向着具有行走能力、多种感知能力、较强的对作业环境的自适应能力的方向发展。当前，对全球机器人技术的发展最有影响的国家是美国和日本。美国在工业机器人技术的综合研究水平上处于领先地位，而日本生产的工业机器人在数量、种类方面则居世界首位。

根据IFR（国际机器人联合会）最新数据统计，2016年全球工业机器人销量约29.4万台，相较于2015年增长15%；2017年较2016年增加了18%，总销量达到了34.7万台；预计2020年销售量将达到52万台，接近2015年产量的2倍。自2009年金融危机以来，工业机器人销售量屡创历史新高，其中亚太地区销售量为主要市场动能，约占全球市场的65%。

因全球广大的市场需求，工业机器人四大家族及部分零部件大厂纷纷扩厂或新设生产线，期望提升产能以满足屡创新高的销售需求。例如德国的 KUKA 于 2018 年初启用上海第二期厂房，并规划 2019 年前在广东建厂，届时将使整体产能提升至现有的 4 倍，抢攻汽车及电子产业。日本安川电机 2017 年重组中国大陆第一、第二及第三工厂，并在欧洲投资 2500 万欧元，希望借此缩短供应链及交货期、拓展欧洲市场。ABB 在中国拥有全球最大的生产基地，继珠海之后，建立青岛、重庆机器人应用中心，提升销售和在地服务的水准。日本 FANUC 则投资 630 亿日元在现有的筑波工厂邻近地区兴建新厂，预计很快可投产，初期月产量估计可达 2000 台。

作为工业机器人三大关键零部件之一的减速机，Harmonic Drive Systems 正着手兴建一座月产量达 10 万台减速机的新工厂，并针对现有穗高工厂进行增产投资，预计月产能将大幅扩增至现在的 2.5 倍。约占全球 6 成的纳博特斯克（Nabtesco Corperation）计划投入 70 亿日元，在日本及中国进行增产投资，规划 2019 年 3 月底前，年产量将提高 3 成，达 84 万台。

在智慧制造的风潮下，不论从需求面、供给面或是投资人的立场，都在显示产业对自动化发展的需求，其中工业机器人更是构建智慧制造的重要一环。

我国工业机器人经过"七五"攻关计划、"九五"攻关计划和"863"计划的支持，已经取得了较大进展，其市场也逐渐成熟，应用上已经遍及各行各业，但进口机器人仍占了绝大多数。目前取得较大进展的工业机器人技术有：数控机床关键技术与装备、隧道挖掘机器人相关技术、装配自动化机器人相关技术、工程机械智能化机器人相关技术等。虽然工业机器人技术有很大进步，但是仍然相当于国外发达国家 20 世纪 80 年代初的水平，特别是在制造工艺与装备方面，还不能生产高精密、高速与高效的关键部件。所以，我国工业机器人技术发展的战略目标是：根据 21 世纪初我国国民经济对先进制造及自动化技术的需求，瞄准国际前沿高新技术发展方向，创新性地研究和开发工业机器人技术领域的基础技术、产品技术和系统技术。未来我国工业机器人技术发展的重点：一是危险、恶劣等环境作业的机器人，主要有防暴、星球探测、高压带电清扫、油气管道清淤等工业机器人；二是仿生工业机器人，主要有移动机器人、无线遥控操作机器人等；三是医药行业、建筑行业、机械加工行业等，其发展趋势是智能化、低成本、高可靠性和易于集成控制。

工业机器人硬件部分主要由机器人本体、电控柜、人机交互器组成。以奇瑞自主研发机器为例，机器人本体结构由自己的研发团队完成，减速机采用日本进口 RV 减速机；电控部分采用松下、三洋、贝加莱等伺服驱动器，很好地完成插补、前馈等功能，使工业机器人性能达到国际同行标准，其中电控柜采用自主研发的基于双循环系统的温控电柜，适用环境恶劣的焊装、冲压等车间；人机交互采用自主研发功能的示教器，操作简单，功能齐全，其已经申请国家专利。目前，我国正在研发自己的伺服驱动器和工业机器人专用减速机，在不久的将来，我国会实现所有硬件国产化，在工业机器人行业会有大的技术飞跃。

软件控制部分是工业机器人的"心脏"，随着科技的发展，工业机器人软件部分也急速发展，根据实际需要，我国研发了点焊、弧焊、搬运、视觉、涂胶等功能。自主研发的工业机器人从下位机到上位机都自主开发出了应用软件。下位机的正、逆解运动学算法，上位机的离线编程及在线编程程序，这些技术极其方便地满足了我国制造业现场应用情况，其软件界面简单美观、操作方便、功能齐全。

2.2　增材制造技术

增材制造技术（Additive Manufacturing，AM）是相对于传统的机械加工等"减材制造"技术而言的，该技术基于离散/堆积原理，以粉末或丝材为原材料，采用激光、电子束等高能束进行原位冶金熔化/快速凝固或分层切割，逐层堆积叠加形成所需要的零件，也称作3D打印、直接数字化制造、快速原型等，是20世纪90年代初期涌现的一项新兴制造技术。增材制造是目前国内外研究的热点，很多科研院所都在进行相关研究工作。

2.2.1　增材制造工艺及分类

1. 增材制造过程

增材制造的具体过程为对具有 CAD 构造的产品的三维模型进行分层切片，得到各层界面的轮廓，按照这些轮廓，激光束等能源束选择性地切割一层层的纸（或树脂固化、粉末烧结等），形成各界面并逐步叠加成三维产品。由于增材制造技术把复杂的三维制造转化为一系列二维制造的叠加，因而可以在没有模具和工具的条件下生成任意复杂的零部件，极大地提高了生产效率和制造柔性。

增材制造技术体系可分解为几个彼此联系的基本环节：构造三维模型、模型近似处理、切片处理、后处理等。增材制造过程如图 2-12 所示。

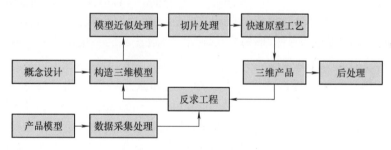

图 2-12　增材制造过程

2. 增材制造工艺发展

1982 年到 1988 年属于增材制造工艺的初期阶段。J. E. Blanther 申请的美国专利（关于分层制造法构成地形图，如图 2-13 所示）是分层制造方法的开端。1986 迈克尔·费金（Michael Feygin）研制成功分层实体制造（Laminated Object Manufacturing，LOM），如图 2-14 所示。由于该工艺材料仅限于纸或塑料薄膜，性能一直没有提高，因而逐渐走向没落。

1988 年到 1990 年属于快速原型技术的阶段。1988 年，美国 3D Systems 公司推出世界上第一台商用快速原型立体光刻机 SLA－1（Stereo Lithography Apparatus，SLA），成为现代增材制造的标志性事件。

1988 年，美国 Stratasys 公司首次提出熔融沉积成型（Fused Deposition Modeling，FDM），熔融沉积成型也被称为熔融挤出成型。工艺过程是以热塑性成型材料丝为材料，材料丝通过

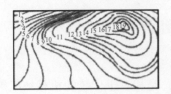

图 2-13　分层制造法构成地形图

加热器的挤压头熔化成液体，由计算机控制挤压头沿零件的每一截面的轮廓准确运动，使熔化的热塑材料丝通过喷嘴挤出，覆盖于已建造的零件之上，并在极短的时间内迅速凝固，形成一层材料；然后挤压头沿轴向向上运动一微小距离进行下一层材料的建造，这样由底到顶逐层堆积成一个实体模型或零件。该工艺的特点是应用和维护简单、制造成本低、速度快，一般复杂程度原型仅需要几个小时即可成型，且无污染。

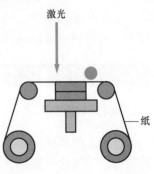

激光

纸

图 2-14　LOM 的工作示意图

1989 年，美国德克萨斯大学奥斯汀分校提出选择性激光烧结（Selective Laser Sintering，SLS）工艺，该工艺常用的成型材料有金属、陶瓷、ABS 塑料等粉末。其工艺过程是先在工作台上铺上一层粉末，在计算机控制下用激光束有选择地进行烧结，被烧结部分便固化在一起构成零件的实心部分。一层完成后再进行下一层，新一层与其上一层被牢牢地烧结在一起。全部烧结完成后，去除多余的粉末，便得到烧结成的零件。该工艺的特点是材料适应面广，不仅能制造塑料零件，还能制造陶瓷、金属、蜡等材料的零件。选择性激光烧结技术（SLS）通过计算机将 3D 数据处理成薄层切片数据，切片图形数据再被传输给激光控制系统。激光按照切片图形数据进行图形扫描并烧结，形成产品的一层层形貌。SLS 技术成型件强度接近相应的注射成型件的强度。

美国 Sandia 国立实验室将选择性激光烧结工艺和激光熔覆工艺（Laser Cladding，LC）相结合，提出激光工程化净成型（Laser Engineered Net Shaping，LENS）。激光熔覆工艺是利用高能密度激光束将具有不同成分、性能的合金与基材表面快速熔化，在基材表面形成与基材具有完全不同成分和性能的合金层的快速凝固过程。激光工程化净成型工艺既保持了选择性激光烧结技术成型零件的优点，又克服了其成型零件密度低和性能差的特点。

1990 年到现在为直接增材制造阶段。主要实现了金属材料的直接成型，分为激光立体成形技术（LSF）和激光选区熔化工艺（SLM）。

激光立体成形技术（LSF）是在快速成形技术和大功率激光熔覆技术蓬勃发展的基础上，迅速发展起来的一项新的先进制造技术。该技术综合了激光技术、材料技术、计算机辅助设计、计算机辅助制造技术和数控技术等先进制造技术，通过逐层熔化、堆积金属粉末，能够直接从数据生成三维实体零件，具有无模具、短周期、近净成形、组织均匀致密、无宏观偏析等优点。这项技术尤其适用于大型复杂结构零件的整体制造，在航空航天等高技术领域具有广阔的发展前景。

激光选区熔化工艺（SLM）是选择性激光烧结技术的一种升级和衍生，是直接进行金属 3D 打印的最新前沿技术之一。激光选区熔化工艺为将零部件 CAD 模型分层切片，采用预铺粉的方式，控制扫描镜带动激光束沿图形轨迹扫描选定区域的合金粉末层，使其熔化并沉积出与切片厚度一致、形状为零件某个横截面的金属薄层，直到制造出与构件 CAD 模型一致的金属零件，其工艺原理如图 2-15 所示。

SLM 激光功率一般在数百瓦级，精度高（最高可达 0.05mm）、质量好、加工余量小，除精密的配合面之外，制造的产品一般经喷砂或抛光等后续简单处理就可直接使用，该技术烧结速度快，成型件质量精度高，适合中、小型复杂结构件，尤其是复杂薄壁型腔结构件的高精度整体快速制造。

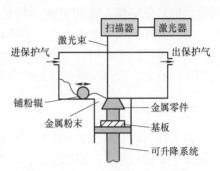

图 2-15 激光选区熔化工艺原理图

2013 年 2 月，美国麻省理工学院成功研发四维打印技术（Four Dimensional Printing，4DP），俗称 4D 打印。无须打印机器就能让材料快速成型的革新技术。在原来的 3D 打印基础上增加第四维度——时间，可预先构建模型和时间，按照产品的设计自动变形成相应的形状，关键材料是记忆合金。四维打印具备更大的发展前景。2013 年 2 月，美国康奈尔大学利用增材制造技术制造出了人体器官。

3. 增材制造的分类

关桥院士提出了"广义"和"狭义"增材制造的概念。"狭义"的增材制造是指不同的能量源与 CAD/CAM 技术结合、分层累加材料的技术体系；而"广义"增材制造则是以材料累加为基本特征，以直接制造零件为目标的大范畴技术群。如果按照加工材料的类型和方式分类，可以分为金属成型、非金属成型、生物材料成型等，如图 2-16 所示。

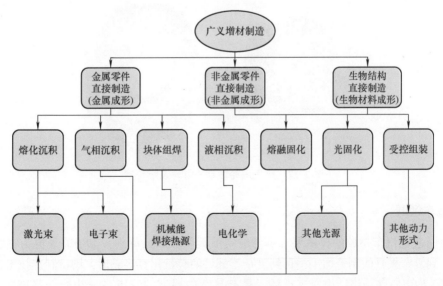

图 2-16 广义增材制造

2.2.2 增材制造技术的应用

增材制造以设计数据为基础，不需要机械加工或工装模具，用相应的成型设备可造出任何形状的三维实体。近20年来，增材制造技术发展成熟，在生产方面已有突出的贡献。目前，美国和欧洲知名龙头企业正不断收购中小企业，开发新材料、新工艺，发展零部件的快速制造技术。而在我国，几所高校和相关企业也在进行材料、工艺和设备的研究生产，成果已部分产业化，应用范围已覆盖航空航天、汽车、生物医疗和装备制造等各个重要领域。

1. 航空航天领域

西安铂力特公司作为国内金属增材制造企业的典型代表，在金属增材制造和修复方面已经有了一定的成果。在制造方面，以 Ti64 材料利用激光立体成形技术为某大型飞机打印了一个长达 3m 多的零件，该零件整体性能优于传统锻件，且各部位性能指标稳定，强度保持在 920~950MPa 之间，延伸率处于 16%~18% 范围内，最关键之处是在 330MPa 的载荷条件下，其疲劳寿命超过 10^6 h，相比于传统锻件的 1.9×10^5 h 有较大的提升；而在修复方面，修复后零件性能几乎堪比新品性能。

中航工业北京航空制造工程研究所自"十五"开始，开展了激光直接沉积工艺研究及工程应用关键技术攻关，已对某型号航空发动机钛合金斜流整体叶轮损伤部位进行了修复，并顺利通过试车考核。中国航天八院也在建设 3D 打印车间及测试实验室，并开展航空功能件的增材制造。

图 2-17 所示为 3D 打印制造的燃气涡轮发动机零件及燃烧室，采用钴铬合金和镍基合金材料。可见，航空航天领域内企业对增材制造技术充满信心，随着技术的进一步提升，未来的应用范围还将会大大拓展。

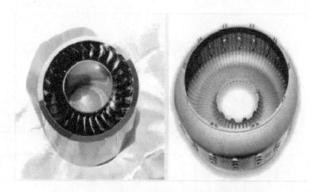

图 2-17 燃气涡轮发动机零件及燃烧室

2. 汽车领域

增材制造在汽车领域的技术要求不像航空航天领域那么苛刻，市场前景更为宽阔，从模型设计，到复杂模具的制造加工，再到复杂零部件的轻量化直接成形，增材制造技术正在深入汽车领域。如以特殊栅格结构为支承体、具有复杂内通道的液压系统功能歧路箱（图 2-18）及具有复杂薄壁结构的 F1 赛车进气歧管的一体化成形部件（图 2-19）等。

图 2-18 液压系统功能歧路箱

图 2-19 F1 赛车进气歧管

3. 生物医疗领域

在生物医疗行业飞速发展的今天，生物增材制造技术不可避免地受到越来越多的关注和研究。依据材料的发展及生物学性能，可以将生物增材制造技术分为 3 个应用层次：一是医疗模型和体外医疗器械的制造，主要应用增材制造技术设计、制造三维模型或体外医疗器械，如 3D 打印胎儿模型、假肢等；二是永久植入物的制造，主要用来制造永久植入物，如为患者打印股骨头或下颌骨等（图 2-20、图 2-21）；三是细胞组织打印，主要用来构建体外生物结构体，如肾脏、人耳等，但目前尚处于实验室研究阶段。

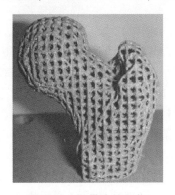

图 2-20 股骨头植入物

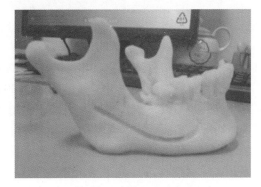

图 2-21 下颌骨植入物

4. 装备制造工业领域

在传统加工方式十分成熟的工业装备制造领域，增材制造技术的出现无疑带来了一种新型的加工方式，充分利用增材制造技术的优势，可以有效地增强工业装备制造水平。因此，各大企业都在积极开展工作，力争尽快将增材制造技术应用于工业装备实际生产之中。

GE 公司在 2012 年 11 月收购了名为 Morris Technologies 的一家 3D 打印公司，用来打印飞机发动机中的零部件。据报道，石油和天然气部门计划试验用 3D 打印技术制造燃气涡轮机的金属燃料喷嘴，这将是迈向使用 3D 打印技术大规模制造零部件的重要一步。

三菱电机公司已采用增材制造技术实现部分汽轮机末端叶片的生产工作。此外，该公司的子公司 MC 机床系统公司与日本 Matsuura 公司合作开发了世界上唯一的一台将熔融金属激光烧结技术和高速铣削技术合为一体的 LUMEX Avance－25 金属激光烧结混合铣床，用于制作具有随形冷却水道的模具。

西门子公司也计划采用金属3D打印技术制造和修复燃气轮机的某系金属零部件。在某些情况下，通过3D打印技术可以把对涡轮燃烧器的修理时间从44周缩减为4周。

增材制造技术在模具制造方面的应用广泛，主要分为软模具制造和硬模具制造。利用真空浇注软硅胶模翻模技术，可生产小批量的类似工程塑料、聚氨酯等工件。快速铸造方面，光敏树脂消失法铸造可一次完成铸造成型，周期短、力学性能好。中国嘉陵工业股份有限公司（集团）将该技术用于摩托车发动机缸头研制，获得了巨大的经济效益。西安交通大学研发出的陶瓷型铸造，使航空叶片铸件合格率由15%提升至85%。东方汽轮机有限公司利用该技术已研发出空心涡轮叶片，大大提高了叶片力学性能。

2.2.3　增材制造的关键技术

1. 软件技术

软件是增材制造技术发展的基础，主要包括三维建模软件、数据处理软件及控制软件等。三维建模软件主要完成产品的数字化设计和仿真，并输出 STL 文件。数据处理软件负责进行 STL 文件的接口输入、可视化、编辑、诊断检验及修复、插补、分层切片，完成轮廓数据和填充线的优化，生成扫描路径、支撑及加工参数等。控制软件将数控信息输出到步进电动机，控制喷射频率、扫描速度等参数，从而实现产品的快速制造。

2. 新材料技术

成型材料是增材制造技术发展的核心之一，它实现了产品"点-线-面-体"的快速制作。目前常使用的材料有金属粉末、光敏树脂、热塑性塑料、高分子聚合物、石膏、纸、生物活性高分子等材料，并实现了工程应用。如 2013 年 7 月，NASA 选用镍铬合金粉末制造了火箭发动机的喷嘴，并顺利通过点火试验。2015 年 7 月，北京大学人民医院郭卫教授完成骶骨肿瘤切除手术后，在患者骨缺损部位安放了增材制造的金属骶骨，使患者躯干与骨盆重获联系。然而，我国基础性（材料的物理、化学及力学性能等）研究不足，缺乏材料特性数据库；高端成型材料（高性能光敏树脂、金属合金、喷墨黏结剂等）大多依赖进口，缺少规模化材料研发公司且没有相应的标准规范，致使现阶段制造的零件主要用于概念设计、实验测试与模具制造，只有少数功能件实现了产业化。

随着科学技术的进步，增材制造单一材料零件的性能已满足不了实际要求，复合材料、功能梯度材料、智能材料、纳米材料等新型材料产品成了目前研究热点。特别是 4D 打印技术的出现，实现了智能材料产品的自我组装或调整，彻底颠覆了传统装备制造业的发展理念，开辟了增材制造技术发展的新篇章。

3. 再制造技术

再制造技术给予了废旧产品新生命，延伸了产品使役时间，实现可持续发展，是增材制造技术的发展方向。它以损伤零件为基础，对其失效的部分进行处理，恢复其整体结构和使用功能，并根据需要进行性能提升。与一般制造相比，再制造需要清洗缺损零件，给出详细的修复方案，再通过逆向工程构建缺损零件的标准三维模型，最后按规划的路径完成修复，其成型过程要求更加精确可控。

　　航空发动机工作的苛刻环境决定了其对零件制造的要求极高，很长一段时间里，金属直接增材制造重点还是着重于航空发动机零部件的修复。致力于使 LSF 技术商用化的美国 Optomec Design 公司，已将 LSF 技术应用于 T700 美国海军飞机发动机零件的磨损修复，如图 2-22 所示，实现了已失效零件的快速、低成本再制造。

图 2-22　Optomec Design 公司采用 LSF 技术修复的航空发动机零件

　　德国 Fraunhofer 研究所则重点研究了 LSF 技术在钛合金和高温合金航空发动机损伤构件修复再制造方面的应用。英国 Rolls－Rocyce 航空发动机公司将 LSF 技术用于涡轮发动机构件的修复。我国西北工业大学基于 LSF 技术开展了系统的激光成型修复的研究与应用工作，已经针对发动机部件的激光成型修复工艺及组织性能控制一体化技术进行了较为系统的研究，并在小、中、大型航空发动机机匣、叶片、叶盘、油管等关键零件的修复中获得广泛应用，如图 2-23 所示。

图 2-23　西北工业大学采用 LSF 技术修复的航空发动机零件

基于增材制造技术的再制造技术主要用于缺损零件的修复，同时还可以对停产零件进行再制造，使产品得以运转，降低了能源消耗，实现了利益最大化。

4. 增材制造装备

增材制造装备是增材制造的关键所在。基于增材制造对工业发展的推动作用，需要将增材制造装备的设计研发和生产提到重要的地位。2014 年度"高档数控机床与基础制造装备"科技重大专项也将增材制造列为重点研究领域，针对航天型号复杂、精密关键金属构件高精度、高质量、一致性、高效率、高柔性化制造的需求，注重对航天难加工材料复杂零部件激光增材制造技术与装备研制。今后应该注重从以下方面针对增材装备的研制开展工作：①专门化极大极小便携式制造装备的研制、增材制造装备的设备的小型化、专业化；②复杂结构件模型的数字化处理、填充路径规划及成型过程模拟技术研究，构建基于智能的工艺知识库，进行加工工艺的改进完善，开展尺寸精度调控规律研究；③研究激光增材制造装备自适应精确运动机构控制技术，发现获得高精度的途径和方法；④研究激光立体成形的高精度同步铺粉及成型系统；⑤研究制造过程质量一致性控制及其对构件尺寸精度的影响规律研究等。这些方面的成果和突破，将使我国的增材制造装备快速国产化并对国民经济发展起到重要的推进作用。

2.2.4 增材制造技术的发展趋势

目前，增材制造技术还存在许多问题，如材料方面的限制、成型精度与成型速度的矛盾、设备及材料的价格昂贵等。在未来的发展中，该技术将会在新材料及创新工艺、装备与关键器件、与传统工艺相结合等方面展开更深入的研究。增材制造技术要克服一些技术瓶颈，实现关键技术环节上的突破。例如，与传统制造结构保持同样的强度；减小成形过程中的变形，细化光斑、优化材料和工艺，以提高制造精度；进行工艺创新与优化，提高光束能量以提高制造效率等。

现阶段，该技术将重点研究陶瓷零件制造、复合材料制造、聚合物喷射快速原型制造、金属直接制造等。例如，利用光固化原型技术，使支撑结构中组织发生变化，制作碳化硅复合材料零件；使用高介电陶瓷材料，构造复杂型腔结构实现微波负折射功能，进行光子晶体制造，完成传统制造技术难以制作的内外型结构；深入研究金属直接成型自愈合原理，进行高温合金叶片制作实现金属直接制造等。

2.3　智能检测技术

传统的工程测试技术是利用传感器将被测量转换为易于观测的信息（通常为电信号），通过显示装置给出待测量的量化信息。其特点是被测量与测试系统的输出有确定的函数关系，一般为单值对应；信息的转换和处理多采用硬件处理；传感器对环境变化引起的参量变化适应性不强；多参量多维等新型测量要求不易满足。智能检测包含测量、检验、信息处理、判断决策和故障诊断等多种内容；是检测设备模仿人类智能，将计算机技术、信息技术和人工智能等相结合而发展的检测技术；具有测量过程软件化、测量速度快、精度高、灵活性高，含智能反馈和控制子系统，能实现多参数检测和数据融合，智能化、功能强等特点。

2.3.1 智能检测系统的工作原理和结构

1. 智能检测系统工作原理

智能检测系统有两个信息流，一个是被测信息流，一个是内部控制信息流。智能检测系统工作原理如图 2-24 所示。

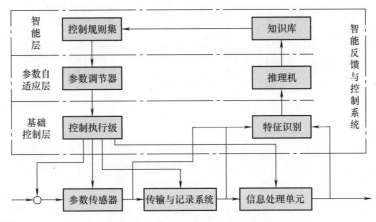

图 2-24 智能检测系统工作原理

2. 智能检测系统结构

智能检测系统由硬件和软件两大部分组成，如图 2-25 所示。

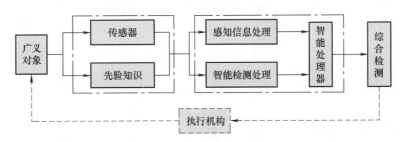

图 2-25 智能检测系统结构

智能检测系统的硬件基本结构如图 2-26 所示。图中不同种类的被测信号由各种传感器转换成相应的电信号，这是任何检测系统都必不可少的环节。传感器输出的电信号经调节放大（包括交直流放大、整流滤波和线性化处理）后，变成 DC0 ~ DC5 V 电压信号，经 A－D 转换后送单片机进行初步数据处理。单片机通过通信电路将数据传输到主机，实现检测系统的数据分析和测量结果的存储、显示、打印、绘图，以及与其他计算机系统的联网通信。对于直流输出的传感器信号，则不需要交流放大和整流滤波等环节。

典型的智能检测系统由主机（包括计算机、工控机）、分机（以单片机为核心、带有标准接口的仪器）和相应的软件组成。分机根据主机命令，实现传感器测量采样、初级数据

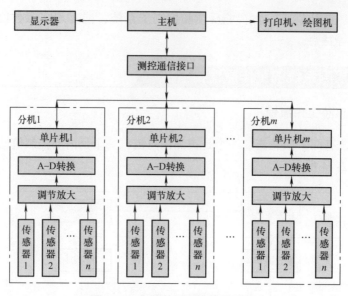

图 2-26　智能检测系统硬件结构

处理以及数据传送。主机负责系统的工作协调，输出对分机的命令，对分机传送的测量数据进行分析处理，输出智能检测系统的测量、控制和故障检测结果，供显示、打印、绘图和通信。

　　智能检测系统的软件包括应用软件和系统软件，如图 2-27 所示。应用软件与被测对象直接有关，贯穿整个测试过程，由智能检测系统研究人员根据系统的功能和技术要求编写，它包括测试程序、控制程序、数据处理程序、系统界面生成程序等。系统软件是计算机实现其运行的软件。软件是实现、完善和提高智能检测系统功能的重要手段。软件设计人员应充分考虑应用软件在编制、修改、调试、运行和升级方面的方便，为智能检测系统的后续升级、换代设计做好准

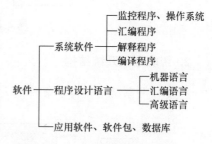

图 2-27　智能检测系统的软件组成

备。近年来发展较快的虚拟仪器技术为智能检测系统的软件化设计提供了诸多方便。

2.3.2　智能检测系统的分类

　　智能检测系统的分类，目前没有统一的标准，可以根据被测对象分类，也可以根据智能检测系统所采用的标准接口总线分类。

1. 按被测对象分类

　　按被测对象的不同，可将智能检测系统分为在线实时智能检测系统和离线智能检测系统。在线实时智能检测系统主要用于生产与试验现场，如粮食烘干系统的水分检测控制、热力参数运行的测量控制、病人的医疗诊断、武器的性能测试等。离线智能检测系统主要用来对非运行状态的对象进行检测，如集成电路参数检测、仪器产品质量检验、地形勘探系统等。

2. 按采用的标准接口总线分类

根据所采用的标准接口总线系统的不同，智能检测系统可以分为计算机通用总线系统、IEC-625 系统、CAMAC 系统、HP-IL 系统、RS-232C 系统、CAN 系统、I^2C 系统等。随着新的接口与总线系统的诞生，必将有新类型的智能检测系统问世。

2.3.3 智能检测的发展阶段

智能检测的核心技术是智能控制，其有 3 个发展阶段：萌芽期、形成期、发展期。

1. 萌芽期（1960—1970 年）

20 世纪 60 年代初，F. W. Smiths 首先采用性能模式识别器来学习最优控制方法。1965 年，加利福尼亚大学的 L. A. Zadeh 教授提出了模糊集合理论。同年 Feigenbaum 着手研制世界上第一个专家系统，普渡大学傅京孙教授将人工智能中的自觉推理方法用于学习控制系统。1966 年 Mendel 在空间飞行器学习系统中应用了人工智能技术，并提出了"人工智能控制"的概念。1967 年，Leondes 等人首次正式使用"智能控制"一词，并把记忆、目标分解等一些简单的人工智能技术用于学习控制系统，提高了系统处理不确定性问题的能力，这标志着智能控制的思想已经萌芽。

2. 形成期（1970—1980 年）

20 世纪 70 年代初，傅京孙等人从控制论的角度进一步总结了人工智能技术与自适应、自组织、自学习控制的关系，正式提出智能控制是人工智能技术与控制理论的交叉，并在核反应堆、城市交通的控制中成功地应用了智能控制系统。20 世纪 70 年代中期，智能控制在模糊控制的应用上取得了重要进展。1974 年，英国伦敦大学玛丽皇后分校的 E. H. Mamdani 教授把模糊理论用于控制领域，把 L. A. Zadeh 教授提出的 IF-Then 型模糊规则用于模糊推理，再把这种推理用于蒸汽机的自动运转中，通过实验取得良好的效果。1977 年，Saridis 提出了智能控制的三元结构定义，即把智能控制看作为人工智能、自动控制和运筹学的交叉。20 世纪 70 年代后期起，把规则型模糊推理用于控制领域的研究颇为盛行。1979 年，Mandani 又成功研制出自组织模糊控制器，使得模糊控制器具有了较高的智能。

3. 发展期（1980—）

1982 年，Fox 等人完成了一个名为 ISIS 的加工车间调度的专家系统；Hopfield 引用能量函数的概念，使神经网络的平衡稳定状态有了明确的判据方法，并利用模拟电路的基本元件构造了人工神经网络的硬件模型，为实现产品化奠定了基础，使神经网络的研究取得突破性进展。1985 年，IEEE 在纽约召开了第一届全球智能控制学术讨论会，标志着智能控制作为一个学科分支正式被学术界接受。1986 年，Rumelhart 提出多层网络的"递推"或称"反传"的学习算法，简称 BP 算法，从实践上证实了人工神经网络具有很强的运算能力，BP 算法是最为引人注目，应用最广的神经网络算法之一。1987 年，在美国费城举行的国际智能控制会议上，提出了智能控制是自动控制、人工智能、运筹学相结合或自动控制、人工智能、运筹学和信息论相结合的说法。此后，每年举行一次全球智能控制研讨会，形成了智能控制的研究热潮。

2.3.4 智能检测的主要理论

智能检测的主要理论有分级递阶智能控制、模糊控制、人工神经网络、专家系统、仿人智能检测控制等。

1. 分级递阶智能控制

分级递阶智能控制系统是由 G. N. Saridis 于 1977 年提出的。该系统由组织级、协调级和执行级组成，遵循"精度递增伴随智能递减"的原则，如图 2-28 所示。

组织级起主导作用，涉及知识的表示与处理，主要应用人工智能；协调级在组织级和执行级间起连接作用，涉及决策方式及其表示，采用人工智能及运筹学实现控制；执行级是底层，具有很高的控制精度，采用常规自动控制。

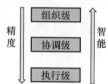

图 2-28　分级递阶智能控制

2. 模糊控制

人类最初对事物的认识都是定性的、模糊的和非精确的，因而将模糊信息引入智能检测控制具有现实的意义。模糊逻辑在控制领域的应用称为模糊控制。它的基本思想是把人类专家对特定的被控对象或过程的控制策略总结成一系列以"IF（条件）-THEN（作用）"形式表示的控制规则，通过模糊推理得到控制作用集，作用于被控对象或过程。具体流程如图 2-29 所示。

3. 人工神经网络

人工神经网络采用仿生学的观点与方法来研究人脑和智能系统中的高级信息处理，其模型如图 2-30 所示。

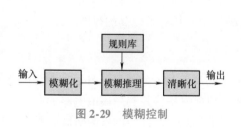

图 2-29　模糊控制

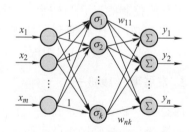

图 2-30　人工神经网络模型

4. 专家系统

具有模糊专家智能的功能，采用专家系统技术与控制理论相结合的方法设计检测控制系统，如图 2-31 所示。

5. 仿人智能检测控制

仿人智能检测控制的核心思想是在检测和控制过程中，利用计算机模拟人的行为功能，最大限度地识别和利用控制系统动态过程提供的特征信息，进行启发和直觉推理，从而实现对缺乏精确模型的对象进行有效的控制。仿人智能检测（图 2-32）的基本原理是模仿人的启发式直觉推理逻辑，即通过特征辨识判断系统当前所处的特征状态，确定控制的策略，进行多模态控制。

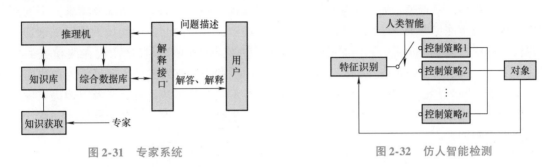

图 2-31　专家系统　　　　　　　　　　　图 2-32　仿人智能检测

6. 多种方法的综合集成

多种方法的综合集成包括：模糊神经网络检测控制技术、模糊专家检测控制技术、模糊 PID 检测控制技术、神经网络鲁棒检测控制技术、神经网络自适应检测控制技术、多信息融合技术、数据搜索和挖掘技术等。

2.3.5　现代智能检测技术及应用

1. 智能视频监控技术

智能视频监控技术（Intelligent Video Surveillance，IVS）基于计算机视觉技术对监控场景的视频图像内容进行分析，提取场景中的关键信息，产生高层的语义理解，并形成相应警告的监控方式。如果把摄像机当作人的眼睛，那么智能视频分析可以理解为人的大脑。智能视频监控技术往往借助于处理器芯片的强大计算功能，对视频画面中的海量数据进行高速分析，过滤用户不关心的信息，仅为监控者提供有用的关键信息；融合了图像处理、模式识别、人工智能、自动控制及计算机科学等学科领域的技术。与传统的视频监控系统相比，智能视频监控系统能从原始视频中分析挖掘有价值信息，变人工伺服为主动识别，变事后取证为事中分析，并进行报警。

2. 光电检测技术及应用

光电信息技术是将光学技术、电子技术、计算机技术及材料技术相结合而形成的。光电检测技术是光电信息技术中最主要、核心的部分，具有测量精度高、速度快、非接触、频宽与信息容量极大、信息效率极高及自动化程度高等突出的特点，已成为现代检测技术中最重要的手段和方法之一，并推动着信息科学技术的发展。在工业、农业、军事、航空航天及日常生活中皆有着非常广泛的应用。主要包括光电变换技术、光信息获取与光信息测量技术、测量信息的光电处理技术、图像检测技术、光学扫描检测技术、光纤传感检测技术及系统等。

光电检测有多种形式，就媒介物质而言可分为激光、白光、蓝光等几类，而检测方法则既有利用便携式仪器进行的手动测量，又有设置在生产线中（旁）的拱门（固定）式和机器人的通用式自动化测量等几种。虽然国内光学测量，特别是其中的激光传感器已在车身、冲压件检测中有所应用，但由于其优越性尚未真正显露，故而范围相当有限。现今，像知名的海克斯康公司生产的各类以光学测量为基础的检测设备，已被广泛地配置在国内众多的企业。尤其需指出的一点是：海克斯康公司往往还会根据不同用户的具体情况和需求，帮助制定检测规划乃至测量方案，使该企业所购置的设备在产品质量的监控中能最大的程度地发挥出积极的作用。图2-33a所示为两台带有白光测头的机器人用于车身生产线在线检查的实况。图2-33b所示为测量报告。据此，不仅可对生产过程进行有效监控，而且系统在快速生成测量报告的同时，还能对一段时间以来众多工件的测量结果做统计分析，及时地提供标准差、极差和平均值等直接反映加工质量的数据，一旦发现偏差异常，将马上通知车间或工艺部门做相应的调整。

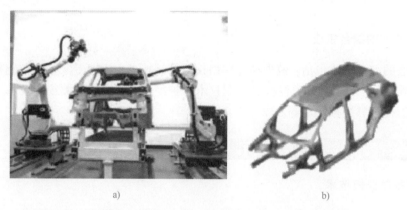

a) b)

图2-33　带有白光测头的机器人用于车身生产线的在线检测

而以白光测量结果为依据，海克斯康公司还推出了功能更强的"点云分析"，通过"表面色差分析＋边界线＋2D截面线"，就能获得更多的有用信息，这对以后通过数据分析，进行再查找制造过程中的误差源是有积极意义的。白光测量在汽车厂被用于很多不同的场合，除了工件外，还可用来检测或验证工位器具，如夹具、检具、测量支架和模具等。图2-34所示为采取手持方式检测夹具。

图2-34　采取手持方式检测夹具

如果采用可变焦激光测头，再借助于关节臂测量机的便携性，可以实现在现场对各种覆盖件的快速测量，如图 2-35 所示。

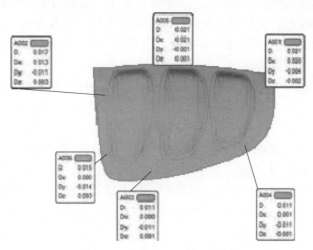

图 2-35 对覆盖件进行快速测量

可变焦激光测头采用了最新的变焦技术，其测量范围、焦距均可以调节，在检测过程中可以根据零件表面的曲率变化而调节，在曲率变化比较大的位置会自动增加采点的密度，而在曲率变化比较平缓的位置则会降低采点的密度，这样既保证测量精度又提高效率。同时，减少了点云数据量，提高了计算机的使用效率。

这种激光检测技术同样可以用于桥式测量机和悬臂式测量机，如图 2-36 所示为在桥式测量机上快速测量一个焊件的曲面，包括其边界等各种特征。

另外，通过在悬臂测量机上加载可变焦激光测头，还能进行螺柱测量，如图 2-37 所示。

图 2-36 焊件的快速检测

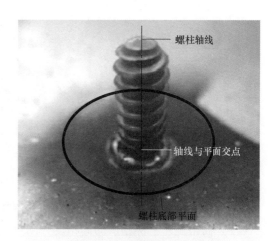

图 2-37 测量螺柱的实例

众所周知，长期以来，检测车身或焊件上的螺柱特征参数一直是个难题，通常要借助于特制的辅助器具才能进行。然而当加载了可变焦激光测头后，就可以通过对其进行直接扫描，得到测量结果，其精度和传统方法相比，大约提高了一个数量级，并且工作效率提高60%。

把光学测量方法应用于机械加工范畴，彻底改变了传统制造业中的实验室检测设备的规划，一些经过精密加工的、高精度的表面，以及某些内部结构复杂的，或者柔性的零部件，就有了更为便捷的检测手段。同时，非接触式的光学测量方法再配合在高精度仪器上的使用，使检测效率也有了明显提高。

图2-38所示为配置有纤维光学探头（FOP）和光学粗糙度测头（TEL）的LeitzPMM高精度坐标测量机，通过配合自动更换架装置，即能自动完成对机械加工切削型零部件的高速、高精度扫描方式检测。它采取了将接触与非接触测量（光学）进行集成的方法，根据需要可方便地自由切换。而对工件的整个测量过程，可根据实际的需求进行自动编程，并不需要人工的参与。不难想象，对一个过去必须通过多个步骤或多种检测设备才能完成的测量，如今只需要一个步骤或一台设备就能完成，这无疑大大提高了工作效率，而且为用户显著地节约了采购成本。进一步从生产规划的角度看，则极大地提升了智能化制造的应用水平。

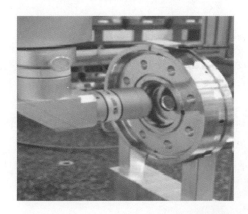

图2-38 某高精度测量机的在线检测

光电检测技术的发展趋势将主要聚焦在以下方面。

1）高精度：检测精度向高精度方向发展，纳米、亚纳米高精度的光电测量新技术是今后的发展热点。

2）智能化：检测系统向智能化方向发展，如光电跟踪与光电扫描测量技术。

3）数字化：实现光电测量与光电控制一体化。

4）多元化：光电检测仪器的检测功能向综合性、多参数、多维测量等多元化方向发展，并向人们无法触及的领域发展，如微空间三维测量技术和大空间三维测量技术。

5）微型化：光电检测仪器所用电子元器件及电路向集成化方向发展。光电检测系统朝着小型、快速的光、机、电检测系统发展。

6）自动化：检测技术向自动化、非接触、快速在线测量方向发展，检测状态向动态测量方向发展。

3. 太赫兹检测技术

太赫兹波是频率在 0.1~10THz（波长为 0.03~3mm）的电磁波，位于微波和红外线之间。研究表明，利用太赫兹波进行样品检测时，不会产生有害的光致电离，是一种有效的无损检测方法。太赫兹技术早期使用笨重和昂贵的系统，主要用于研发和实验中的应用，特别是天体物理学。近年来，随着科学技术的发展，太赫兹波逐渐开始被应用于工业领域，如无损检测、工业过程监测和药物的质量控制等。美国宇航局利用太赫兹无损检测成像技术成功分析了哥伦比亚号航天飞机失事中复合材料存在的缺陷。

太赫兹技术主要是太赫兹光谱技术和太赫兹成像技术。太赫兹光谱技术主要有太赫兹时域光谱技术（TDS）、时间分辨光谱技术和太赫兹发射光谱技术。太赫兹光谱包含了丰富的物理和化学信息，因此研究太赫兹光谱对于研究基础物理相互作用具有重要的意义。太赫兹成像技术有太赫兹二维电光取样成像、层析成像、太赫兹脉冲时域场成像、近场成像、太赫兹连续波成像等，可用于生物医学、质量检测、安全检查和无损检测等众多领域。

太赫兹光谱技术，特别是时域光谱技术（TDS），是最成熟的也是最有可能在工业应用中采用的太赫兹技术。太赫兹时域光谱系统如图 2-39 所示。该系统由光源、光学系统、太赫兹发射极、太赫兹探测器、光谱扫描系统和信息处理软件平台等组成，光源为飞秒激光（飞秒振荡器、飞秒放大器或飞秒光纤激光器），用以使太赫兹发射极产生太赫兹波，而后经由光谱扫描系统，在太赫兹探测器上与探测光会合，最终在信息处理软件平台上显示出太赫兹光谱。

从应用方面来看，太赫兹技术正在逐步满足工业需求，首先实现的是太赫兹光谱在纸张厚度测量和分析中的在线应用，以及在混合物和粉末在线无损检测方面的应用，而后将开启新的应用，如食品或药品的质量控制。制造商采用的制造执行系统（MES）将有助于半导体或材料在线无损检测的太赫兹产品的使用。但是，在太赫兹技术被广泛采用之前必须进行一些技术改进：必须提高采集速度，提高太赫兹测量的可靠性，并建立一个广泛的数据库来更好地解析光谱数据。

太赫兹技术应用的中期目标是质量控制和过程监控。工业领域法规的强化在两方面为太赫兹技术提供了机会：第一，越来越多的法规迫使工业界必须监控生产过程（产品生产之前、产品生产期间和产品生产之后的过程）并控制产品质量。由于其穿透屏障材料的能力（衣服、包装等），以及非接触和无损检测，太赫兹技术是检测、控制与监测方面强有力的竞争者。第二，对用于控制和监测的技术做了规定。非电离、环保的技术比现在使用的 X 射线技术更易获得支持，而太赫兹技术符合这些安全限制。

在工业过程监控领域中，太赫兹技术遇到众多非电离技术的竞争。太赫兹技术必须与超声技术相竞争，尽管超声技术存在传播速度慢、需要高度熟练的操作员等不足，但它是成熟

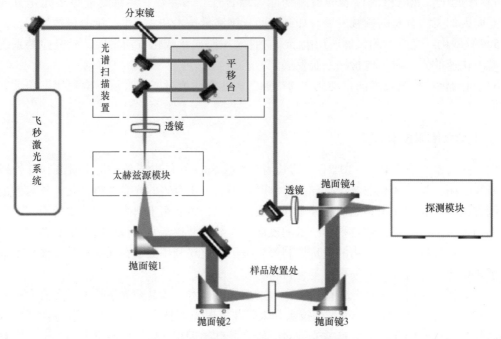

图 2-39 太赫兹时域光谱系统示意图

的技术，更容易被生产厂家接受，见表 2-1。与这些技术相比较，太赫兹技术必须证明其可靠性才能被接受。广泛采用太赫兹技术的主要挑战是要找到应用的领域，即满足需求并可以代替电离技术如核子仪或 X 射线系统。

表 2-1 在工业过程监控中太赫兹技术与其他非电离技术的比较

项　　目	采集时间	易用性	分析区域	价　格
太赫兹	几分钟	熟练的工作人员	表面（或者下表面，决定于材料）	昂贵，但在下降
剪切散斑干涉法	实时	熟练的工作人员	表面和下表面	昂贵，但在下降
超声波	实时	高度熟练的工作人员	厚样品，不太适用于表面	中等
红外热成像	10s	熟练的工作人员	表面或者下表面成像（非扫描）表面	昂贵，但在下降
目测		熟练的工作人员		便宜

太赫兹技术应用的长期目标是制造执行系统（MES），制造执行系统是一个以优化从订单到成品的整个生产过程为目的的实时计算机系统。收集的信息可用于不同的功能区：产品定义、产品质量管理、产品跟踪、生产性能分析等。制造执行系统的使用可以获得更有效的生产流程，减少浪费、减少维修并增加正常运行时间。近年来，制造商已经开始广泛利用制造执行系统来提高生产效率。为了达到这个目的，准确和可靠的测量是必需的，因此准确和可靠的技术是必需的。在长期来看，太赫兹光谱技术和成像系统将获得较好的应用机会。

工业对技术最重要的要求是能够进行在线、实时和非侵入性的测量。太赫兹测量是非接触式的并已开始上线运行，现在的主要障碍是采集时间太慢难以在工业过程监控中广泛采用太赫兹系统。然而，随着技术突飞猛进的发展，有可能达到每秒 1000 到超过 100000 个波形的采集速度，这使得太赫兹技术的实时应用成为可能并在工业中广泛采用太赫兹系统。

目前，欧美国家已推出很多性能优异的太赫兹无损检测成像设备及检测方法，我国在太赫兹核心技术及高端设备方面几乎还处于空白。从2013年起，中国科学院重庆绿色智能技术研究院太赫兹技术研究中心在重庆市科委应用开发项目支持下，以太赫兹光谱成像技术为研究重点，开展太赫兹光谱成像仪系统设计与集成，并针对碳纤维、玻璃纤维、航空泡沫、聚乙烯、石墨烯五类材料，在太赫兹无损检测研究上取得了诸多突破。

4. 智能超声检测技术

超声检测主要采用脉冲反射超声波探伤仪，对被检测机械内部的缺陷进行探伤。在检测时，超声波遇到不同的介质会产生反射现象，从而检测到损伤的位置和范围。探伤仪工作时，检测头须与待检设备紧密接触，由于探头可同时接收损伤处反射的超声波，故可将超声波信号转变为电信号进行处理。

20世纪40年代，英国和美国成功研制出脉冲反射式超声波探伤仪，使超声无损探伤应用于工业领域。20世纪60年代，德国研制出高灵敏度及高分辨率设备，使用超声波对焊缝进行探伤，扩展了超声检测的应用；同时，使用超声相控阵检测技术，将超声检测发展至超声成像领域。20世纪80年代以后，无损检测结合人工智能、信息融合等先进技术，实现了复杂型面复合构件的超声扫描成像检测，使得检测更加形象具体。

超声无损检测技术已得到了巨大发展，被广泛应用到几乎所有工业的探伤领域，如钢铁、化工、机械、压力容器等有关部门。在铁路运输、造船、兵器、航空航天工业等重要部门和高速发展中的集成电路、核电等新技术产业中有十分广阔的应用前景。

常用的超声检测方法除常规超声检测外，还有超声导波和超声相控阵检测技术等。非接触式超声检测新技术有电磁超声检测、激光超声检测、空气耦合和静电耦合超声检测等。

超声导波检测主要用于在线管道检测，能检测出管道中内外部腐蚀或冲蚀、环向裂纹、焊缝错边、疲劳裂纹等缺陷。超声导波的优点是传播距离长而衰减很小，在一个位置固定脉冲回波阵列就可以一次性对管壁进行长距离大范围的快速检测。

相控阵技术能够通过图像的形式直观地显示缺陷，并通过线性B扫描图或扇形图显示一定区域范围内的缺陷，有利于对缺陷的评价。从应用效果来看，使用相控阵探伤仪检测复合材料能极大地提高检测效率，提高检测准确性，节省检测成本。在超声相控阵技术检测方面，加拿大的Lamarre等研究了基于双线阵（Dual Linear Arrays，DLA）和双矩阵换能器（Dual Matrix Arrays，DMA）的管道耐腐蚀合金焊缝超声相控阵检测方法。该方法采用并行布置的两个线阵或矩阵超声相控阵换能器对焊缝结构进行扫描成像，如图2-40所示。这种方式能够在焊缝区域产生更高超声能量、提高超声反射信号的信噪比，并去除单换能器发射接收时声波通过楔块传播导致的检测盲区。

图2-40 基于DLA和DMA的超声相控阵焊缝检测

加拿大的 Turcotte 等研究了基于超声相控阵和 3D 扫描技术的结构腐蚀检测方法（图 2-41）。该方法采用 3D 扫描技术得到结构三维型面特征，并采用超声相控阵技术对结构进行超声扫描成像，将超声扫描数据和结构型面数据结合得到表征结构内部腐蚀缺陷的三维图。

图 2-41　结构腐蚀缺陷超声相控阵三维成像检测

20 世纪 60 年代末电磁超声换能器（EMAT）的出现，使得无损检测能够在高温、高速等恶劣条件下得以实现。近年来这种新型的超声检测技术，已经由实验室研究阶段进入工业生产的实际应用阶段。电磁超声只能在导电介质上产生，因此主要应用于金属材料的检测，和传统的超声检测技术相比具有无须任何耦合剂、产生各类波形灵活、声传播距离远、检测速度快等优点。在变电站 GIS 管道裂纹检测、焊缝检测、铁路钢轨在线检测等领域得到了很好的应用。总之，电磁超声技术的发展扩展了超声检测的应用范围。

20 世纪 70 年代，激光超声检测技术开始应用于无损检测领域，目前已被广泛应用于材料的力学、光学特性检测以及材料的缺陷检测。激光超声检测在无损检测中具有抗干扰强、高时空分辨率、适合恶劣环境下的在线检测等优点，使得该技术在材料无损检测方面有广阔的应用前景。但是其本身也有一定缺陷，如光声能量的转换效率低、检测灵敏度较低、检测系统昂贵等。因此，激光超声检测技术并不能完全取代传统超声技术，而是在某些常规技术不适用的领域发挥优势。西班牙的 Cuevas 等研究了基于关节机器人技术的新型激光超声检测系统（图 2-42），该系统在大型复杂型面构件的自动扫描检测方面，相比通常采用的手动检测方法和液浸式超声 C 扫描系统具有更高的型面适应性、扫描效率和重复一致性。

图 2-42　基于关节机器人技术的新型激光超声检测系统

空气耦合是一种直接用空气作为耦合介质的检测方法，其进展得益于空气耦合理论、新型换能器及信号处理技术的不断进展。该技术在航天复合材料检测中的应用对我国航天科技的发展起到了积极作用，对提高我国无损检测水平具有重要的理论参考和工程应用价值。西班牙的 Cuevas 等研究了基于关节机器人的新型空气耦合超声 C 扫描系统及其在飞机大型复合材料构件无损检测中的应用，如图 2-43 所示。

图 2-43 基于关节机器人的新型空气耦合超声 C 扫描系统

Huber 等将空气耦合超声波检测技术和关节机器人技术结合起来（图 2-44），实现了航空航天复合材料柱体结构的空气耦合超声同侧仿形扫描成像检测。

Adebahr 等研究了一种基于关节机器人的空气耦合超声检测系统，如图 2-45 所示。

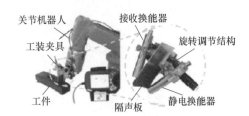

图 2-44 航空航天复合材料的空气耦合超声
同侧仿形扫描成像检测

图 2-45 基于关节机器人的
空气耦合超声检测系统

静电换能器是在电容传声器的基础上发展起来的，其优点包括以下几点：频带宽，可以响应的超声波带宽达几百 kHz；灵敏度高，因为它不是谐振式换能器，故可以测量到非常小的振幅，并且有很宽且平坦的灵敏度频率响应曲线。但是这一类换能器也存在着一些缺点，如：一般需要加一偏置电压，且由于其阻抗很高，增加了对前置放大器的要求；对灰尘、湿度也比较敏感，而且易受损伤。为了满足工业装备智能化、高质量制造和高可靠性应用的检验检测需求，超声无损检测技术与设备正向着专用精量化、数字化、机器人自动化、图像化、全过程无人化和数据管理智能化的方向发展。

2.3.6 智能检测在智能制造体系中的应用需求分析

《中国制造 2025》战略核心在于制造、产品和服务的全面交叉渗透，通过互联网、移动通信、大数据、云计算等多种技术与机器人、智能设备等实现产品、设备、人和服务的互联互通。在这个过程中，智能检测技术是进行设备联通、数据采集与交互的技术基础，也是智能制造实现过程中的关键一环。

完整的智能制造系统主要包括下图中的 5 个层级，如图 2-46 所示，包括设备层级、控制层级、车间层级、企业层级和协同层级。在系统实施过程中，目前大部分工厂主要解决了产品、工艺、管理的信息化问题，很少涉及制造现场的数字化、智能化，特别是生产现场设备及检测装置等硬件的数字化交互和数据共享。智能制造可以从 5 个方面认识和理解，即产品的智能化、装备的智能化、生产的智能化、管理的智能化和服务的智能化，要求装备、产品之间，装备与人之间，以及企业、产品、用户之间全流程、全方位、实时互联互通，能够实现数据信息的实时识别、及时处理和准确交换的功能。其中实现设备、产品和人相互间的互联互通是智能工厂的主要功能，智能设备和产品的互联互通、生产全过程的数据采集与处理、监控数据利用、信息分析系统建设等都将是智能工厂建设的重要基础，智能仪器及新的智能检测技术主要应用在产品的智能化、装备的智能化、生产的智能化等方面，处在智能工厂的设备层级、控制层级和车间层级。

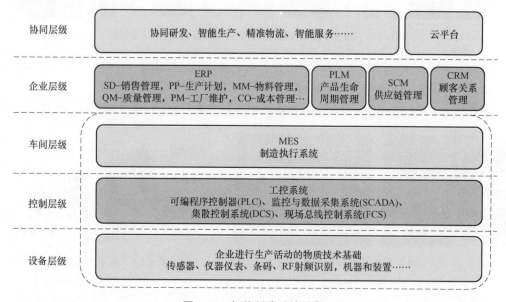

图 2-46　智能制造系统层级

在智能制造系统中，其控制层级与设备层级涉及大量仪器测量、数据采集等方面的需求，尤其是在进行车间内状态感知、智能决策的过程中，更需要实时、有效的检测设备作为辅助，所以智能检测技术是智能制造系统中不可缺少的关键技术，可以为上层的车间管理、企业管理和协同层级提供数据基础。

产品的智能化、装备的智能化、生产的智能化是智能工厂的重要基础，智能装备和智能终端的普及以及各种各样的传感器、智能仪器等各种智能硬件的使用，是智能生产线、智能车间、智能工厂互通互联的硬件基础。

智能装备是指在其基本功能之外具有数字通信和配置、优化、诊断、维护等附加功能的装置，一般具有感知、分析、推理、决策、控制能力，是先进制造技术、信息技术和智能技术的集成和深度融合。智能工厂中用于检测的仪器仪表应具有智能装备的基本属性，也是智能检测技术的具体实现。

智能检测仪器在通常仪器的功能基础上，须具有数据采集、存储、分析、处理、控制、推理、决策、传输和管理等多项功能。智能检测仪器是计算机与测量控制技术结合的产物，是含有微型计算机或微型处理器的测量仪器，拥有对数据的存储运算逻辑判断及自动化操作等功能。智能检测仪器的出现扩展了仪器的应用范围，也为智能制造奠定了基础。

在实际的智能制造体系建设过程中，系统对智能检测技术的需求主要有3个方面：①智能制造对其中的测试仪器、监测仪表等智能化装备的数字化、智能化提出新的需求，检测数据是实现产品、设备、人和服务之间互联互通的核心要素，要求检测仪器除了正常的测量功能外，增加采集、存储、分析、处理、控制、推理、决策、传输和管理等多种功能，从而实现各个系统间的智能联通。②智能制造中的一些检测，从原有的离线式的集中监测转变为嵌入生产线内部，生产设备之中及不同类型的检测终端之中。检测系统与模块嵌入到智能化的制造系统之中，这对分布式的实时的检测技术提出了新的要求。③作为整体的智能制造系统、智能化无人工厂，对生产系统的在线监控、故障诊断、故障预测与健康状态等方面提出了更高的要求。这要求智能检测技术与相关的产品不断完善与改进，以促进智能制造体系的建设。

2.3.7 智能检测技术发展方向

在智能制造相关技术快速发展的环境下，需要认真分析智能仪器及测试技术在智能制造中的地位，深入思考智能仪器及测试技术在智能工厂建设中的作用，提出智能仪器新的功能需求和测试技术发展的新方向，寻求智能仪器及测试技术在智能制造中新的应用前景。目前主要发展方向包括以下几点：

1. 智能仪器功能设计与标准研究

应加强智能仪器功能设计和标准制定的深入研究，系统解决制约智能传感器和智能仪器研发、设计、材料、工艺、检测和产业化等关键问题，研制生产出能满足智能制造和智能工厂要求的智能传感器和智能仪器产品，积极推广数字化生产线改造、智能单元及智能车间建设等项目中的应用。微型化、智能化、多功能化、网络化将是智能仪器的主要发展方向。研制具有数据采集、存储、分析、处理、控制、推理、决策、传输和管理等多项功能于一体的智能仪器。研制体积小、功耗低、功能强，能够嵌入在生产设备、智能生产线上，便于灵活配置，具有操作自动化、自测试、自学习、自诊断和数据自处理、自发送等功能的智能仪器，实现测量过程的智能化。

2. 针对离散行业进行智能制造解决方案的研究

离散制造行业对底层生产环节中的智能化要求较高，其生产线、装配线往往处于高效运转、持续工作的状态，各种设备所产生、采集与处理的数据量也比较大。因此，给智能检测技术提出了更高的要求，不仅需要实现设备状态的检测与数据采集，更需要结合完整的工艺流程和业务需求，进行数据的融合与分析，为整体的智能制造系统提供完整的解决方案，以工艺管理信息化平台、智能仪器、自动化试验设备、PHM 等技术为基础，不断完善产品体系，为离散行业的智能制造模式提供思路与产品。

3. 智能检测技术方面

将原有的离线集中式检测逐步转变为嵌入生产线内部、分布于智能设备内部、嵌入在生产线检测终端的实时测试方式，测试数据自动记录、存储、处理和管理。将智能测试技术与智能生产线的构建相结合，通过在生产线中引入红外、激光、可见光等机器视觉目标定位测试技术、可变接口的智能测试适配技术、分布式实时测试采集技术、非接触方式检测技术、自动化测试控制技术等，实现实时测试。开展满足智能制造要求的支撑性测试技术研究，进行分布式协同测试软件开发。

4. PHM 故障预测与健康状态管理技术

PHM 故障预测与健康状态管理技术是为了满足自主保障、自主诊断的要求提出来的，是基于状态的实时视情维修发展起来的。在智能制造系统中，可以结合本技术进行装备的状态分析与管理，实时发现生产、试验等环节的问题，并能够从工业互联网的角度去看待智能设备、智能生产运营，强调资产设备中的状态感知、数据监控与分析、监控设备健康状况、故障频发区域与周期、预测故障发生，从而大幅度提高运行维修效率，是密集应用大数据的智能制造系统维护和智能工厂建设的重要工具。在实际应用中，主要体现在生产系统状态识别、在线监控、定量分析、健康状态分析、设计工艺优化等方面。

2.4 物联网技术

物联网（Internet of Things）是指通过感知设备，按照约定协议，连接物、人、系统和信息资源，实现对物理和虚拟世界的信息进行处理并做出反应的智能服务系统。具体地说，就是把传感器嵌入和装备到电网、铁路、桥梁、隧道、公路、建筑、供水系统、大坝、油气管道等各种物体中，然后将"物联网"与现有的互联网整合起来，实现人类社会与物理系统的整合。它是一种"万物沟通"的，具有全面感知、可靠传送、智能处理特征的、连接物理世界的网络，可实现任何时间、任何地点及任何物体的连接，使人类可以更加精细和动态的方式管理生产和生活，达到"智慧"状态，提高资源利用率和生产率水平，改善人和自然界的关系，从而提高整个社会的信息化能力。

物联网作为一种"物物相联的互联网"，无疑消除了人与物之间的隔阂，使人与物、物与物之间的对话得以实现。由于整个物联网的概念涵盖了从终端到网络、从数据采集处理到智能控制、从应用到服务、从人到物等方方面面，涉及射频识别（RFID）装置、无线传感器网络、红外传感器、全球定位系统、互联网与移动网络、网络服务、行业应用软件等众多技术。在这些技术当中，又以底层嵌入式设备芯片开发最为关键，引领整个行业的持续发展。

2.4.1 物联网技术框架

物联网的技术体系框架包括感知层技术、网络层技术、应用层技术和公共技术，如图 2-47 所示。

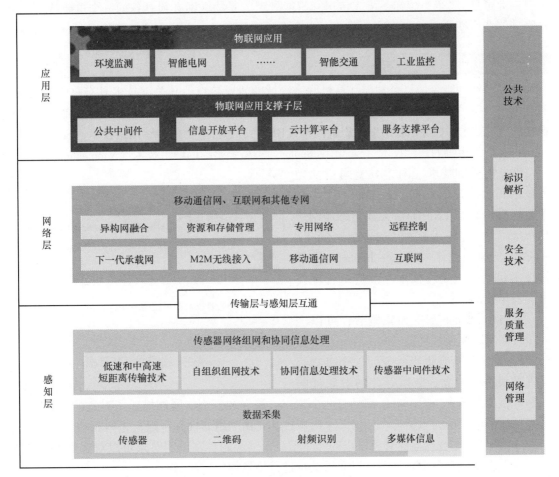

图 2-47 物联网技术体系框架

（1）感知层　数据采集和感知主要用于采集物理世界中发生的物理事件和数据，包括各类物理量、标识、音频、视频数据。物联网的数据采集涉及传感器、射频识别、多媒体信息采集、二维码和实时定位等技术。传感器网络组网和协同信息处理技术实现传感器、射频识别等数据采集技术所获取数据的短距离传输、自组织组网以及多个传感器对数据的协同信息处理过程。

（2）网络层　实现更加广泛的互联功能，能够把感知到的信息无障碍、高可靠、高安全地进行传送，这需要传感器网络与移动通信技术、互联网技术相融合。虽然这些技术已较成熟，基本能满足物联网的数据传输要求；但是，为了支持未来物联网新的业务特征，现在传统传感器、电信网、互联网可能需要做一些优化。

（3）应用层　主要包含应用支撑平台子层和应用服务子层。其中应用支撑平台子层用于支撑跨行业、跨应用、跨系统之间的信息协同、共享、互通等功能；应用服务子层包括智能交通、智能医疗、智能家居、智能物流、智能电力、环境监测和工业监控等行业应用。

（4）公共技术　公共技术不属于物联网技术的某个特定层面，而是与物联网技术架构的三层都有关系，它包括标识解析、安全技术、网络管理和服务质量管理。

由此可见，"全面感知、可靠传送和智能处理"是物联网必须具备的三个重要特征，也是智能制造所期望的"更彻底的感知、更全面的互联互通、更深入的智能化"的核心所在。

2.4.2 物联网关键技术

物联网作为当今信息科学与计算机网络领域的研究热点，其关键技术具有跨学科交叉、多技术融合等特点，每项关键技术都亟待突破。国际电信联盟报告提出物联网主要有四个关键性的应用技术：标签事物的射频识别技术（RFID），感知事物的传感网络技术（Sensor technology），思考事物的智能技术（Smart technology），微缩事物的纳米技术（Nanotechnology）。

物联网关键技术（图2-48）可以从硬件技术和软件技术两方面来考虑：硬件技术包括射频识别（RFID）、无线传感器网络（WSN）、智能嵌入式（Embedded Intelligence）及纳米技术（Nanotechnology）；软件技术包括信息处理技术、自组织管理技术、安全技术。

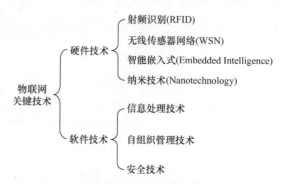

图2-48　物联网关键技术

通过定义如下三个抽象概念，可以进一步说明物联网硬件关键技术的作用。

1）对象。客观世界中任何一个事物都可以看成一个对象，数以万计的对象证明了客观世界的存在。每个对象都具有两个特点：属性和行为，属性描述了对象的静态特征，行为描述了对象的动态特征。任何一个对象往往是由一组属性和一组行为构成的。

2）消息。客观世界向对象发出的一个信息。消息的存在说明对象可以对客观世界的外部刺激做出反应。各个对象间可以通过消息进行信息的传递和交流。

3）封装。将有关的属性和行为集成在一个对象当中，形成一个基本单位。三者之间的关系如图2-49所示。

物联网的重要特点之一就是使物体与物体之间实现信息交换，每个物体都是一个对象，因此物联网的硬件关键技术必须能够反映每个对象的特点。首先，RFID技术利用无线射频信号识别目标对象并读取该对象的相关信息，这些信息反映了对象的自身特

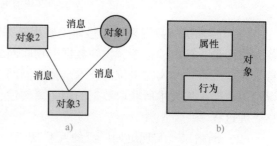

图2-49　对象关系示意图
a）对象间相互操作　b）对象封装

点，描述了对象的静态特征。其次，除了标识物体的静态特征，对于物联网中的每个对象来说，探测它们的物理状态的改变能力，记录它们在环境中的动态特征都是需要考虑的。就这方面而言，传感器网络在缩小物理和虚拟世界之间的差距方面扮演了重要角色，它描述了物体的动态特征。再次，智能嵌入技术通过把物联网中每个独立节点植入嵌入式芯片后，比普通节点具有更强大的智能处理能力和数据传输能力，每个节点可以通过智能嵌入技术对外部消息（刺激）进行处理并反应。同时，带有智能嵌入技术的节点可以使整个网络的处理能力分配到网络的边缘，增加了网络的弹性。最后，纳米技术和微型化的进步意味着越来越小

的物体将有能力相互作用和连接以及有效封装。然而，现有纳米技术发展下去，从理论上会使半导体元器件及集成电路的限幅达到极限。这是因为，如果电路的限幅继续变小，将使构成电路的绝缘膜变得越来越薄，这样必将破坏电路的绝缘效果，从而引发电路发热和抖动问题。

1. 射频识别（RFID）

射频识别是一种非接触式的自动识别技术，它通过射频信号自动识别目标对象并获取相关数据，识别过程无须人工干预，可工作于各种恶劣环境。RFID 技术可识别高速运动物体并可同时识别多个标签，操作快捷方便。RFID 技术与互联网、通信等技术相结合，可实现全球范围内物品跟踪与信息共享。

RFID 电子标签是一种把天线和 IC 封装到塑料基片上的新型无源电子卡片。具有数据存储量大、无线无源、小巧轻便、使用寿命长、防水、防磁和安全防伪等特点；是近几年发展起来的新型产品，是未来几年代替条码走进"物联网"时代的关键技术之一。阅读器和电子标签之间通过电磁感应进行能量、时序和数据的无线传输。在阅读器天线的可识别范围内，可能会同时出现多张电子标签。如何准确识别每张电子标签，是电子标签的防碰撞（防冲突）技术要解决的关键问题。

RFID 的技术标准主要由 ISO 和 IEC 制定。目前可供电子标签使用的射频技术标准有 ISO/IEC 10536、ISO/IEC 14443、ISO/IEC 15693 和 ISO/IEC 18000。应用最多的是 ISO/IEC 14443 和 ISO/IEC 15693，这两个标准都由物理特性、射频功率和信号接口、初始化和防碰撞及传输协议组成。

RFID 由标签、阅读器、天线组成。标签由耦合元件及芯片组成，每个标签具有唯一的电子编码，附着在物体上标识目标对象；阅读器读取（有时还可以写入）标签信息的设备，可设计为手持式或固定式；天线在标签和读取器间传递射频信号。

RFID 的技术难点与问题可以概括为如下几个方面：①RFID 防碰撞问题；②RFID 天线研究；③工作频率的选择；④安全与隐私问题。

2. 传感器网络与检测技术

传感器是机器感知物质世界的"感觉器官"，可以感知热、力、光、电、声、位移等信号，为网络系统的处理、传输、分析和反馈提供最原始的信息。随着科学技术的不断发展，传统的传感器正逐步实现微型化、智能化、信息化、网络化，正经历着一个从传统传感器向智能传感器和嵌入式网络传感器不断进化的发展过程。

无线传感器网络（Wireless Sensor Network，WSN）是集分布式信息采集、信息传输和信息处理技术于一体的网络信息系统，以其低成本、微型化、低功耗和灵活的组网方式、铺设方式及适合移动目标等特点受到广泛重视，是关系国民经济发展和国家安全的重要技术。物联网正是通过遍布在各个角落和物体上的传感器以及由它们组成的无线传感器网络，来最终感知整个物质世界的。传感器网络节点的基本组成包括如下基本单元：传感单元（由传感器和模数转换功能模块组成）、处理单元（包括 CPU、存储器、嵌入式操作系统等）、通信单元（由无线通信模块组成）及电源。此外，可以选择的其他功能单元包括：定位系统、移动系统及电源自供电系统等。在传感器网络中，节点可以通过飞机布撒或人工布置等方式，大量部署在被感知对象内部或者附近。这些节点通过自组织方式构成无线网络，以协作的方式实时感知、采集和处理网络覆盖区域中的信息，并通过网络将数据经节点（接收发送器）链路将整个区域内的信息传送到远程控制管理中心。另一方面，远程控制管理中心也可以对网络节点进行实时控制和操纵。

目前，面向物联网的传感器网络技术研究包括以下方面：

1）先进测试技术及网络化测控综合传感器技术、嵌入式计算机技术、分布式信息处理技术等，协作地实时监测、感知和采集各种环境或监测对象的信息，并对其进行处理、传送。研究分布式测量技术与测量算法，应对日益提高的测试和测量需求。

2）智能化传感器网络节点。传感器网络节点为一个微型化的嵌入式系统，其构成了无线传感器网络的基础层支持平台。在感知物质世界及其变化时，需要检测的对象很多（如温度、压力、湿度、应变等），因此微型化、低功耗对于传感器网络的应用意义重大，研究采用新的制造技术，并结合新材料的研究，设计符合未来要求的微型传感器是一个重要方向。其次，需要研究智能传感器网络节点的设计理论，使之可识别和配接多种敏感元件，并适用于主被动各种检测方法。第三，各节点必须具备足够的抗干扰能力、适应恶劣环境的能力，并能够适合应用场合、尺寸的要求。第四，研究利用传感器网络节点具有的局域信号处理功能，在传感器节点附近局部完成很多信号信息处理工作，将原来由中央处理器实现的串行处理、集中决策的系统，改变为一种并行的分布式信息处理系统。

3）传感器网络组织结构及底层协议。网络体系结构是网络的协议分层以及网络协议的集合，是对网络及其部件所应完成功能的定义和描述。对无线传感器网络来说，其网络体系结构不同于传统的计算机网络和通信网络。有学者提出无线传感器网络体系结构可由分层的网络通信协议、传感器网络管理及应用支撑技术 3 部分组成。分层的网络通信协议结构类似于 TCP/IP 协议体系结构。传感器网络管理技术主要是对传感器节点自身的管理以及用户对传感器网络的管理。在分层协议和网络管理技术的基础上，支持了传感器网络的应用。在实际应用当中，传感器网络中存在大量传感器节点，密度较高，网络拓扑结构在节点发生故障时，有可能发生变化，应考虑网络的自组织能力、自动配置能力及可扩展能力。在某些条件下，为保证有效的检测时间，传感器要保持良好的低功耗性。传感器网络的目标是检测相关对象的状态，而不仅是实现节点间的通信。因此，在研究传感器网络的网络底层协议时，要针对以上特点，开展相关工作。

4）对传感器网络自身的检测与控制。由于传感器网络是整个物联网的底层和信息来源，网络自身的完整性、完好性和效率等参数性能至关重要。对传感器网络的运行状态及信号传输通畅性进行监测，应研究开发硬件节点和设备的诊断技术，实现对网络的控制。

5）传感器网络的安全。传感器网络除了具有一般无线网络所面临的信息泄露、信息篡改、重放攻击、拒绝服务等多种威胁外，还面临传感节点容易被攻击者物理操纵，并获取存储在传感节点中的所有信息，从而控制部分网络的威胁。必须通过其他技术方案来提高传感器网络的安全性能。例如：在通信前进行节点与节点的身份认证；设计新的密钥协商方案，使得即使有一小部分节点被操纵后，攻击者也不能或很难从获取的节点信息推导出其他节点的密钥信息；对传输信息加密，解决窃听问题；保证网络中的传感信息只有可信实体才可以访问，保证网络的私有性；采用一些跳频和扩频技术减轻网络堵塞问题。

3. 智能技术

智能技术是为了有效地达到某种预期的目的，利用知识所采用的各种方法和手段。通过在物体中植入智能系统，可以使得物体具备一定的智能性，能够主动或被动地实现与用户的沟通，也是物联网的关键技术之一。主要的研究内容和方向包括：

1）人工智能理论研究智能信息获取的形式化方法，海量信息处理的理论和方法，网络环境下信息的开发与利用方法，机器学习。

2）先进的人机交互技术与系统声音、图形、图像、文字及语言处理，虚拟现实技术与系统，多媒体技术。

3）智能控制技术与系统物联网就是要给物体赋予智能，可以实现人与物体的沟通和对话，甚至实现物体与物体互相间的沟通和对话。为了实现这样的目标，必须要对智能控制技术与系统实现进行研究。例如，研究如何控制智能服务机器人完成既定任务（运动轨迹控制、准确的定位和跟踪目标等）。

4）智能信号处理信息特征识别和融合技术、地球物理信号处理与识别。

4. 纳米技术

纳米技术主要研究结构尺寸在 $0.1 \sim 100nm$ 范围内材料的性质和应用，包括：纳米体系物理学、纳米化学、纳米材料学、纳米生物学、纳米电子学、纳米加工学、纳米力学。这7个相对独立又相互渗透的学科和纳米材料、纳米元器件、纳米尺度的检测与表征这3个研究领域。纳米材料的制备和研究是整个纳米科技的基础。其中，纳米物理学和纳米化学是纳米技术的理论基础，而纳米电子学是纳米技术最重要的内容。使用传感器技术就能探测到物体物理状态，物体中的嵌入式智能能够通过在网络边界转移信息处理能力而增强网络的容量，而纳米技术的优势意味着物联网当中体积越来越小的物体能够进行交互和连接。当前电子技术的趋势要求元器件和系统更小、更快、更冷：更快是指响应速度要快；更冷是指单个元器件的功耗要小；更小并非没有限度。纳米电子学包括基于量子效应的纳米电子元器件、纳米结构的光/电性质、纳米电子材料的表征，以及原子操纵和原子组装等。

5. 软件技术

物联网的软件技术用于控制底层网络分布硬件的工作方式和工作行为，为各种算法、协议的设计提供可靠的操作平台。在此基础上，方便用户有效管理物联网，实现物联网的信息处理、安全进行、服务质量优化等功能，降低物联网面向用户的使用复杂度。物联网软件分层体系结构如图2-50所示。

如前所述，物联网硬件技术是嵌入式硬件平台设计的基础。板级支持包相当于硬件抽象层，位于嵌入式硬件平台之上，用于分离硬件，为系统提供统一的硬件接口。系统内核负责进程的调度与分配，设备驱动程序负责对硬件设备进行驱动，它们共同为数据控制层提供接口。数据控制层实现软件支撑技术和通信协议栈，并负责协调数据的发送与接收。应用软件程序需要根据数据控制层提供的接口以及相关全局变量进行设计。物联网软件技术描述整个网络应用的任务和所需要的服务；同时，通过软件设计提供操作平台供用户对网络进行管理，并对评估环境进行验证。物联网软件框架结构如图2-51所示。

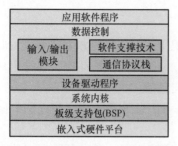

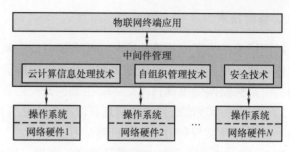

图 2-50　物联网软件分层体系结构　　　　图 2-51　物联网软件框架结构

框架结构网络中每个节点通过中间件的衔接传递服务。中间件中的云计算信息处理技术、自组织管理技术、安全技术逻辑上存在于网络层，但物理上存在于节点内部，在网络内协调任务管理及资源分配，执行多种服务之间的相互操作。

2.4.3　物联网在制造行业的应用

物联网用途广泛，遍及智能交通、环境保护、政府工作、公共安全、平安家居、智能消防、工业监测、健康护理与监测等生活、工作、健康和社会活动的各个领域。物联网具有的"物物互联"特征使其终端节点规模可能达到兆亿级。毫无疑问，如果"物联网"时代来临，人们的日常生活将发生翻天覆地的变化。以物联网、云计算、智慧地球等为代表的新一代信息技术应用蓬勃发展，推动着以绿色、智能和可持续发展为特征的新一轮科技革命和产业革命的来临，也给传统的机械制造行业带来了新的机遇与挑战。

从国际上看，以物联网集成制造系统为主导方向的制造业目前已经进入了集成化、网络化、敏捷化、虚拟化、智能化和绿色化。国内传统的机械制造行业急需借助物联网应用技术，应用于机械制造行业的产品开发与设计、制造、检测、管理及售后服务的制造全过程。目前，国内已有部分大型机械制造企业在其生产制造、产品销售以及售后服务上应用物联网技术，取得了较好的成效，下面简单介绍一些典型企业在机械制造环节、机械产品销售环节及机械产品应用等环节的物联网技术应用，给更多机械制造企业提供借鉴。

1. 物联网技术在生产制造环节的应用

目前，物联网技术在国内制造业尚未大规模开展应用，其典型应用主要集中在自动化程度高、产品生产批量较大的制造行业，如汽车制造行业。通过在汽车零件的制造环节、汽车涂装工艺环节以及装配环节的应用，实现汽车零件的快速生产制造及柔性自动化生产、正确装配，从而提高汽车制造生产的自动化水平、生产能力和生产效率，减少人力的投入，为企业节约更多的成本。上海某汽车公司为实现在同一条生产线上生产 4 种不同平台的车型，利用射频识别（RFID）技术，给每个零件配置不同的条码，并给不同阶段形成的子系统、子模块也配置了不同的条码，从而使这些零件处于什么位置生产进行到哪个环节，通过生产内部自动车辆识别（AVI）系统的自动识别跟踪，将其信息反馈至工厂信息系统。同时，自动车辆识别系统从工厂信息系统请求生产数据，规划下一阶段的生产任务，保证生产过程的准确，并提高生产效率。

2. 物联网技术在机械制造行业销售环节的应用

在物联网大背景下，传统机械制造行业应摒弃闭门造车的传统，利用物联网可以为制造业企业建立交流的平台，打破买方和卖方之间的封闭，使买卖双方的交易透明化，同时有利于降低交易成本。同时，物联网将人和机械产品有机地连接起来，使制造商与机械产品、机械产品与客户、制造商与客户之间形成联系，有效地共享机械产品的数据、信息以及解决方案，中国有偌大的制造业生产能力和消费市场，将为中国制造业的产业升级创造绝好的平台和机遇。

由于电子商务可以较大程度地降低交易成本，提升经营效率，所以电子商务近年来获得长足的发展，近期更是得到政策面的全方位支持。在电子商务平台行业迎来新产业政策春风之际，机械制造业产业升级离不开物联网的发展。一方面物联网和机械制造行业相融合，推动制造业逐渐走向数字化、网络化、智能化。另一方面，物联网打开了电子商务的大门，企业销售产品和服务的门路越变越宽。

3. 物联网技术在制造行业产品应用环节的应用

目前，我国某些大型机械设备出厂后，由于其应用环境以及距离等原因，造成售后服务跟不上，如何获取产品生产运营过程中的数据显得极为重要，这就必须依赖物联网技术。以我国某重型机械厂为例，所有出厂的产品上均安装有 RFID 芯片，该芯片与机械产品的控制系统相连接，两者之间可以互通，RFID 芯片可以定位机器、自我检查当前机械工作状况，例如温度、转速、油表等，利用 RFID 芯片搜集的产品信息，技术人员只需坐在办公室便可实时监控售出的每台机械的运作状况、健康状况等。在设备发生故障之前就能进行事先监控，甚至能很清楚地知道是哪个零部件发生了损坏，并且可以第一时间以短信通知用户，最终提高了用户满意度。售后维修时，该技术也带来了很大的便利。例如，在某些参数的技术问题上，不再需要企业派出专门的技术人员亲临现场进行维修指导，只要在相连接的计算机上进行操作，就可轻松解决，节省了售后维修成本。

4. 物联网技术在机械制造行业的其他应用

物联网技术的快速发展，为机械行业更大范围的应用提供了可能。例如：物联网技术可应用在环保执法当中，将排污现场的监测仪表、控制柜、智能显示、集散控制系统、数据库远程备份和遥控都标准化和模块化，形成一个整体的控制系统；当现场监测设备监测到环保排放指标超标时，可通过远程控制，切断办公电源以示警告，若还没有改善排污状况，则切断生产电源，制止生产企业排污，保护环境。

物联网技术可用于煤矿产品的自动化控制中，把井上井下的各种矿用设备通过智能分站和智能交换机连接起来，来监测和控制现场，进行数据分析和优化，保证安全生产，达到无人值守、少人维护。另外，应用物联网技术，机械制造商还能为客户提供更多的服务，体现其价值。例如，工程机械制造商在每台出售的机器上安装传感器，并建立起后台系统，通过反馈，厂商可以了解目前公司卖出的工程机械设备的布点，并了解目前在该点附近有哪些大型工程需要该类型的工程机械，通过后台系统，帮助其建立联系，提供商机。其次，帮助客户监控设备，保护资产。以上服务几乎没有给客户带来任何附加成本。通过以上物联网技术的应用可以看出，物联网的发展对机械制造行业来说，是机遇也是挑战。变则通，通则强，传统机械制造企业唯有顺应物联网技术发展的大趋势，不断创新企业的生产模式、营销模式和服务模式，才能在激烈的市场竞争中立于不败之地。

2.5 高档数控机床技术

机床作为当前机械加工产业的主要设备，其技术发展已经成为国内机械加工产业的发展标志。数控机床和基础制造装备是装备制造业的工作母机，一个国家的机床行业技术水平和产品质量，是衡量其装备制造业发展水平的重要标志。

高档数控机床是指具有高速、精密、智能、复合、多轴联动、网络通信等功能的数字化数控机床系统。国际上甚至把五轴联动数控机床等高档机床技术作为一个国家工业化的重要标志。

高档数控机床在传统数控机床的基础上，能完成一个自动化生产线的工作效率，是科技速度发展的产物，而对于国家来讲这是机床制造行业本质上的一种进步。高档数控机床集多种高端技术于一体，应用于复杂的曲面和自动化加工，在航空航天、船舶、机械制造、高精密仪器、军工、医疗器械产业等领域有着非常重要的核心作用。

"中国制造2025"将数控机床和基础制造装备列为"加快突破的战略必争领域"，其中提出要加强前瞻部署和关键技术突破，积极谋划抢占未来科技和产业竞争制造点，提高国际分工层次和话语权。

2.5.1 数控技术国内外现状

随着计算机技术的高速发展，传统的制造业开始了根本性变革，各工业发达国家投入巨资，对现代制造技术进行研究开发，提出了全新的制造模式。在现代制造系统中，数控技术是关键技术，它集微电子、计算机、信息处理、自动检测、自动控制等高新技术于一体，具有高精度、高效率、柔性自动化等特点，对制造业实现柔性自动化、集成化、智能化起着举足轻重的作用。目前，数控技术正在发生根本性变革，由专用型封闭式开环控制模式向通用型开放式实时动态全闭环控制模式发展。在集成化基础上，数控系统实现了超薄型、超小型化；在智能化基础上，综合了计算机、多媒体、模糊控制、神经网络等多学科技术，使数控系统实现了高速、高精、高效控制，加工过程中可以自动修正、调节与补偿各项参数，实现了在线诊断和智能化故障处理；在网络化基础上，CAD/CAM 与数控系统集成为一体，机床联网，实现了中央集中控制的群控加工。

1. 开放结构的发展

数控技术从发明到现在，已有近50年的历史。按照电子元器件的发展可分为五个发展阶段：电子管数控、晶体管数控、中小规模 NC 数控、小型计算机数控、微处理器数控。从体系结构的发展，可分为以硬件及连线组成的硬数控系统，计算机硬件及软件组成的 CNC数控系统，后者也称为软数控系统。从伺服及控制的方式可分为步进电动机驱动的开环系统和伺服电动机驱动的闭环系统。数控系统装备的机床大大提高了加工精度、速度和效率。当数控系统出现以后，制造厂家逐渐希望数控系统能部分代替机床设计师和操作者的大脑，具有一定的智能，能把特殊的加工工艺、管理经验和操作技能放进数控系统，还希望系统具有图形交互、诊断功能等。首先就要求数控系统具有友好的人机界面和开发平台，通过这个界面和平台开放而自由地执行和表达自己的思路。这就产生了开放结构的数控系统。机床制造商可以在该开放系统的平台上增加一定的硬件和软件构成自己的系统。

目前，开放系统有两种基本结构：①CNC + 计算机主板。把一块计算机主板插入传统的CNC 中，计算机主板主要运行程序实时控制，CNC 主要运行以坐标轴运动为主的实时控制。②计算机 + 运动控制板。把运动控制板插入计算机的标准插槽中做实时控制，而计算机主要做非实时控制。开放结构在 20 世纪 90 年代初形成，对于许多熟悉计算机应用的系统厂家，往往采用方案②。但目前主流数控系统生产厂家认为数控系统最主要的性能是可靠性，像计算机存在的死机现象是不允许的。而系统功能首先追求的仍然是高精高速的加工，加上这些厂家长期已经生产大量的数控系统，而体系结构的变化会对他们原系统的维修服务和可靠性产生不良的影响。因此，不把开放结构作为主要的产品，仍然大量生产原结构的数控系统。为了增加开放性，主流数控系统生产厂家往往采用方案①，即在不变化原系统基本结构的基础上增加一块计算机主板，提供键盘使用户能把计算机和 CNC 联系在一起，大大提高了人机界面的功能（如 FANUC 的 150/160/180/210 系统）。

有些厂家也把这种装置称为融合系统。由于它工作可靠，界面开放，越来越受到机床制造商的欢迎。

2. 伺服系统

伺服技术是数控系统的重要组成部分。广义上说，采用计算机控制，控制法采用软件的伺服装置称为"软件伺服"。它有以下优点：①无温漂，稳定性好；②基于数值计算，精度高；③通过参数设定，调整减少；④容易做成 ASIC 电路。20 世纪 70 年代，美国 GATTYS公司发明了直流转矩伺服电动机，从此开始大量采用直流电动机驱动。开环的系统逐渐被闭环的系统取代。但直流电动机存在以下缺点：①电动机容量、最高转速、环境条件受到限制；②换向器、电刷维护不方便。交流异步电动机虽然价格便宜、结构简单，但早期由于控制性能差，所以很长时间没有在数控系统上得到应用。随着电力电子技术的发展，1971 年，德国西门子的 Blaschke 发明了交流异步电动机的矢量控制法。1980 年，以德国人 Leonhard为首的研究小组在应用微处理器的矢量控制的研究中取得进展，使矢量控制实用化。从 20世纪 70 年代末，数控机床逐渐采用异步电动机为主轴的驱动电动机。如果把直流电动机进行"里翻外"的处理，即把电枢绕组装在定子，转子为永磁部分，由转子轴上的编码器测出磁极位置，这就构成了永磁无刷电动机。这种电动机具有良好的伺服性能，从 20 世纪 80年代开始，逐渐应用在数控系统的进给驱动装置上。为了实现更高的加工精度和速度，20世纪 90 年代，许多公司又研制了直线电动机。它由两个非接触元件组成，即磁板和线圈滑座；电磁力直接作用于移动的元件而无须机械连接，没有机械滞后或螺距周期误差，精度完全依赖于直线反馈系统和分级的支承，由全数字伺服驱动，刚性高，频率响应好，因而可获得高速度。但由于它的推力还不够大，发热、漏磁及造价也影响了它的广泛应用。对现代数控系统，伺服技术取得的最大突破可以归结为：交流驱动取代直流驱动、数值控制取代模拟控制，或者把它称为软件控制取代硬件控制。这两种突破的结果产生了交流数字驱动系统，应用在数控机床的伺服进给和主轴装置。由于电力电子技术及控制理论、微处理器等微电子技术的快速发展，软件运算及处理能力的提高，特别是数字信号处理器的应用，使系统的计算速度大大提高，采样时间大大减少。这些技术的突破，使伺服系统性能改善、可靠性提高、调试方便、柔性增强，大大推动了高精高速加工技术的发展。

3. CNC 系统的联网

数控系统从控制单台机床到控制多台机床的分级式控制需要网络进行通信。这种通信通常分三级：①工厂管理级。一般由以太网组成。②车间单元控制级。一般由 DNC 功能进行控制，通过 DNC 功能形成网络可以实现对零件程序的上传、读、写 CNC 的数据，PLC 数据的传送，存储器操作，系统状态采集和远程控制等。更高档次的 DNC 还可以对 CAD/CAM/CAPP 以及 CNC 的程序进行传送和分级管理。CNC 与通信网络联系在一起还可以传递维修数据，使用户与 NC 生产厂直接通信，进而把制造厂家联系在一起，构成虚拟制造网络。③现场设备级。现场设备级与车间单元控制级及信息集成系统主要完成底层设备单机及 I/O 控制、连线控制、通信联网、在线设备状态监测及现场设备生产、运行数据的采集、存储、统计等功能，保证现场设备高质量完成生产任务，并将现场设备生产运行数据信息传送到工厂管理层，向工厂管理级提供数据。同时，可接受工厂管理层下达的生产管理及调度命令并执行。因此，现场设备级与车间单元控制级是实现工厂自动化及 CIMS 系统的基础。传统的现场设备级大多是基于 PLC 的分布式系统。其主要特点是现场层设备与控制器之间的连接是一对一，即一个 I/O 点对设备的一个测控点。所谓 I/O 接线方式为传递 4 ~ 20mA（模拟量信息）或 DC24V（开关量信息）。这种系统的缺点是：信息集成能力不强、系统不开放、可集成性差、专业性不强、可靠性不易保证、可维护性不高。现场总线是以单个分散的、数字化、智能化的测量和控制设备作为网络节点，用总线相连接，实现相互交换信息，共同完成自动控制功能的网络系统与控制系统。因此，现场总线是面向工厂底层自动化及信息集成的数字网络技术。现场总线技术是数控系统通信向现场级的延伸，特点是数字化通信取代 4 ~ 20mA 模拟信号。应用现场总线技术，要求现场设备智能化（可编程或可参数化）。它集现场设备的远程控制、参数化及故障诊断为一体。由于现场总线具有开放性、互操作性、互换性、可集成性，因此是实现数控系统设备层信息集成的关键技术。它对提高生产效率、降低生产成本非常重要。

4. 功能不断发展和扩大

NC 技术经过 50 年的发展，已经成为制造技术发展的基础。这里以 FANUC 最先进的 CNC 控制系统 15i/150i 为例说明系统功能的发展。这是一台具有开放性，4 通道、最多控制轴数为 24 轴、最多联动轴数为 24 轴、最多可控制 4 个主轴的 CNC 系统。它的技术特点反映了现代 NC 发展的特点——开放性，即系统可通过光纤与计算机连接，采用 Windows 兼容软件和开发环境。功能以高速、超精度为核心，并具有智能控制。特别适合于加工航空机械零件，汽车及家电的高精零件，各种模具和复杂的需 5 轴加工的零件。15i/150i 具有高精纳米插补功能，即使系统的设定编程单位为 $1\mu m$，通过纳米插补也可提供给数字伺服以 1nm 为单位的指令，平滑了机床的移动量，降低了加工表面的表面粗糙度，大大减少加工表面的误差。当分辨率为 0.001mm 时，进给速度可达 240m/min。系统还具有高速高精加工的智能控制功能，可先计算出多程序段刀具路径，并进行预处理。智能控制考虑机床的力学性能，可按最佳的允许进给率和最大的允许加速度运动，使机床的功能得到最大发挥，以便减少加工时间，提高效率，同时提高加工精度。系统可在分辨率为 1nm 时工作，适用于控制高精度机械。高级复杂的功能：15i/150i 可进行各种数字的插补，如直线、圆弧、螺旋线、渐开线、螺旋渐开线、样条等插补。也可以进行 NURBS（NonUniform Rational B‑Spline）插补。采用 NURBS 插补可以大大减少 NC 程序的数据输入量，减少加工时间，特别适于模具加工。NURBS 插补不需任何硬件。该系统具有强力的联网通信功能，适应工厂自动化需要，支持标准光纤阵列网络及 DNC 的连接。①工厂干线或控制层通信网络。由计算机通过以太网控制多台 15i/150i 组成的加工单元，可以传送数据、参数等。②设备层通信网络。15i/150i 采用 I/O Link（与日本标准 JPCN—1 相对应的一种现场总线）。③通过 RS 485 接口传送 I/O 信号，也可采用 Prellbus—DP（符合欧洲标准 EN50170）以 12Mbps 进行高速通信。

具有高速内装的 PLC，以减少加工的循环的时间：①梯形图和顺序程序由专用的 PLC 处理器控制，这种结构可进行快速大规模顺序控制。②基本 PLC 指令执行时间为：0.085ps。最大步数：32000 步。③可以用 C 语言编程。32 位的 C 语言处理器可作实时多任务运行，它与梯形图计算的 PLC 处理器并行工作。④可在计算机上进行程序开发。

先进的操作性和维修性：①具有触摸面板，容易操作。②可采用存储卡改变输入输出。

2.5.2　数控技术的发展趋势

1. 性能发展方向

1）高速高精高效化。速度、精度和效率是机械制造技术的关键性能指标。由于采用了高速 CPU 芯片、RISC 芯片、多 CPU 控制系统以及带有高分辨率绝对式检测元件的交流数字伺服系统，同时采取了改善机床动态、静态特性等有效措施，机床的高速高精高效化已大大提高。

2）柔性化。包含两方面：一是数控系统本身的柔性，数控系统采用模块化设计，功能覆盖面大，可裁剪性强，便于满足不同用户的需求；二是群控系统的柔性，同一群控系统能依据不同生产流程的要求，使物料流和信息流自动进行动态调整，从而最大限度地发挥群控系统的效能。

3）工艺复合性和多轴化。以减少工序、辅助时间为主要目的的复合加工，正朝着多轴、多系列控制功能方向发展。数控机床的工艺复合化是指工件在一台机床上一次装夹后，通过自动换刀、旋转主轴头或转台等各种措施，完成多工序、多表面的复合加工。

4）实时智能化。早期的实时系统通常针对相对简单的理想环境，其作用是如何调度任务，以确保任务在规定期限内完成；而人工智能则试图用计算模型实现人类的各种智能行为。科学技术发展到今天，人工智能正向着具有实时响应的、更现实的领域发展，而实时系统也朝着具有智能行为的、更加复杂的应用发展，由此产生了实时智能控制这一新的领域。在数控技术领域，实时智能控制的研究和应用正沿着几个主要分支发展：自适应控制、模糊控制、神经网络控制、专家控制、学习控制、前反馈控制等。例如在数控系统中，配备编程专家系统、故障诊断专家系统、参数自动设定和刀具自动管理及补偿等自适应调节系统，在高速加工时的综合运动控制中引入提前预测和预算功能、动态前反馈功能，在压力、温度、位置、速度控制等方面采用模糊控制，使数控系统的控制性能大大提高，从而达到最佳控制的目的。

2. 功能发展方向

1）用户界面图形化。用户界面是数控系统与使用者之间的对话接口。由于不同用户对界面的要求不同，因而开发用户界面的工作量极大，用户界面成为计算机软件研制中最困难的部分之一。当前互联网、虚拟现实、科学计算可视化及多媒体等技术也对用户界面提出了更高要求。图形用户界面极大地方便了非专业用户的使用，人们可以通过窗口和菜单进行操作，便于蓝图编程和快速编程、三维彩色立体动态图形显示、图形模拟、图形动态跟踪和仿真、不同方向的视图和局部显示比例缩放功能的实现。

2）科学计算可视化。科学计算可视化可用于高效处理数据和解释数据，使信息交流不再局限于用文字和语言表达，而可以直接使用图形、图像、动画等可视信息。可视化技术与虚拟环境技术相结合，进一步拓宽了应用领域，如无图纸设计、虚拟样机技术等，这对缩短产品设计周期、提高产品质量、降低产品成本具有重要意义。在数控技术领域，可视化技术可用于 CAD/CAM，如自动编程设计、参数自动设定、刀具补偿和刀具管理数据的动态处理和显示以及加工过程的可视化仿真演示等。

3）插补和补偿方式多样化。多种插补方式如直线插补、圆弧插补、圆柱插补、空间椭圆曲面插补、螺纹插补、极坐标插补、2D + 2 螺旋插补、NANO 插补、NURBS 插补（非均匀有理 B 样条插补）、样条插补（A、B、C 样条）、多项式插补等。多种补偿功能如间隙补偿、垂直度补偿、象限误差补偿、螺距和测量系统误差补偿、与速度相关的前反馈补偿、温度补偿、带平滑接近和退出以及相反点计算的刀具半径补偿等。

4）内装高性能 PLC。数控系统内装高性能 PLC 控制模块，可直接用梯形图或高级语言编程，具有直观的在线调试和在线帮助功能。编程工具中包含用于车床铣床的标准 PLC 用户程序实例，用户可在标准 PLC 用户程序基础上进行编辑修改，从而方便地建立自己的应用程序。

5）多媒体技术应用化。多媒体技术集计算机、声像和通信技术于一体，使计算机具有综合处理声音、文字、图像和视频信息的能力。在数控技术领域，应用多媒体技术可以做到信息处理综合化、智能化，在实时监控系统和生产现场设备的故障诊断、生产过程参数监测等方面有着重大的应用价值。

3. 体系结构的发展方向

1）集成化。采用高度集成化 CPU、RISC 芯片和大规模可编程集成电路 FPGA、EPLD、CPLD 以及专用集成电路 ASIC 芯片，可提高数控系统的集成度和软硬件运行速度。应用 FPD 平板显示技术，可提高显示器性能。平板显示器具有科技含量高、重量轻、体积小、功耗低、便于携带等优点，可实现超大尺寸显示，成为和 CRT 抗衡的新兴显示技术，是 21 世纪显示技术的主流。应用先进封装和互联技术，将半导体和表面安装技术融为一体。通过提高集成电路密度、减少互连长度和数量来降低产品价格，改进性能，减小组件尺寸，提高系统的可靠性。

2）模块化。硬件模块化易于实现数控系统的集成化和标准化。根据不同的功能需求，将基本模块，如 CPU、存储器、位置伺服、PLC、输入输出接口、通信等模块，做成标准的系列化产品，通过模块方式进行功能裁剪和模块数量的增减，构成不同档次的数控系统。

3）网络化。机床联网可进行远程控制和无人化操作。通过机床联网，可在任何一台机床上对其他机床进行编程、设定、操作、运行，不同机床的画面可同时显示在每一台机床的屏幕上。

4）通用型开放式闭环控制模式。采用通用计算机组成总线式、模块化、开放式、嵌入式体系结构，便于裁剪、扩展和升级，可组成不同档次、不同类型、不同集成程度的数控系统。闭环控制模式是针对传统的数控系统仅有的专用型单机封闭式开环控制模式提出的。由于制造过程是一个具有多变量控制和加工工艺综合作用的复杂过程，包含加工尺寸、形状、振动、噪声、温度和热变形等各种变化因素。因此，要实现加工过程的多目标优化，必须采用多变量的闭环控制，在实时加工过程中动态调整加工过程变量。加工过程中采用开放式通用型实时动态全闭环控制模式，易于将计算机实时智能技术、网络技术、多媒体技术、CAD/CAM、伺服控制、自适应控制、动态数据管理及动态刀具补偿、动态仿真等高新技术融于一体，构成严密的制造过程闭环控制体系，从而实现集成化、智能化、网络化。

2.5.3 国内外高档数控机床发展现状

美、德、日三国是当今世上在数控机床科研、设计、制作和应用上，技巧最先进、经验最多的国家。

美国的特点是：政府重视机床工业，美国国防部等部门不断提出机床的发展方向、科研任务和供给充分的经费，且网罗世界人才，特别讲究"效率"和"创新"，重视基础科研。哈斯自动化公司是全球最大的数控机床制造商之一，在北美洲的市场占有率大约为 40%，所有机床完全在美国加州工厂生产，拥有近百个型号的 CNC 立式和卧式加工中心、CNC 车床、转台和分度器。哈斯致力于打造精确度更高、重复性更好、经久耐用，而且价格合理的机床产品（图 2-52、图 2-53）。

图 2-52　美国哈斯数控机床（一）

德国数控机床在传统设计制造技术和先进工艺基础上，不断采用先进电子信息技术，在加强科研的基础上自行创新开发。德国数控机床主机配套件，机、电、液、气、光、刀具、测量、数控系统等各种功能部件在质量、性能上居世界前列。如代表大型龙门加工中心最高水平的就是德国瓦德里希·科堡公司（WALDRICH COBURG）的产品（图 2-54）。

日本通过规划和制定法规以及提供充足研发经费，鼓励科研机构和企业大力发展数控机

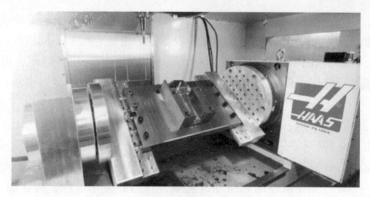

图 2-53 美国哈斯数控机床（二）

图 2-54 瓦德里希·科堡公司 4 轴加工中心

床。在机床部件配套方面，日本学习德国；在数控技术和数控系统的开发研究方面，学习美国，改进和发展了两国的成果，取得了很大成效。图 2-55 所示为马扎克数控机床。

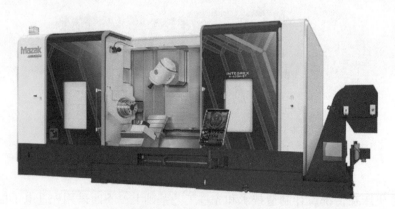

图 2-55 马扎克数控机床

国内产品与国外产品在结构上的差别并不大，采用的新技术也相差无几，但在先进技术应用和制造工艺水平上与世界先进国家还有一定差距。新产品开发能力和制造周期还满足不了国内用户需要，零部件制造精度和整机精度保持性、可靠性尚需很大提高，尤其是在与大型机床配套的数控系统、功能部件，如刀库、机械手和两坐标铣头等部件，还需要国外厂家配套满足。国内大型机床制造企业的制造能力很强，但大而不精，其主要原因还是加工设备落后，数控化率很低，尤其是缺乏高精度的加工设备。同时，国内企业普遍存在自主创新能力不足，因为大型机床单件小批量的市场需求特点，决定了对技术创新的要求更高。

2.5.4 国内外数控系统发展现状

经过持久研发和创新，德、美、日等国已基本掌握了数控系统的领先技术。目前，在数控技术研究应用领域主要有两大阵营：一个是以发那科（FANUC）、西门子（SIEMENS）为代表的专业数控系统厂商；另一个是以马扎克（MAZAK）、德玛吉（DMG）为代表，自主开发数控系统的大型机床制造商。

2015 年 FANUC 推出的 Series 0i MODELF 数控系统（图 2-56），推进了与高档机型 30i 系列的"无缝化"接轨，具备满足自动化需求的工件装卸控制新功能和最新的提高运转率技术，强化了循环时间缩短功能，并支持最新的 I/OLink。

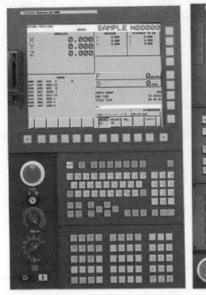

图 2-56 FANUC 全新的 Series 0i MODELF 数控系统

MAZAK 提出的全新制造理念——Smooth Technology，以基于 Smooth 技术的第七代数控系统 MAZATROL Smooth X（图 2-57）为枢纽，提供高品质、高性能的智能化产品和生产管理服务。该数控系统搭配先进软硬件，在高进给速度下可进行多面高精度加工。图解界面和触屏操作使用户体验更佳，即使是复杂的五轴加工程序，通过简单的操作即可修改。内置的应用软件可以根据实际加工材料和加工要求快速地为操作者匹配设备参数。

DMG 推出的 CELOS 系统简化和加快了从构思到成品的进程，其应用程序（CELOSAPP）使用户能够对机床数据、工艺流程以及合同订单等进行操作显示、数字化管理和文档化，如同操作智能手机一样简便直观。CELOS 系统可以将车间与公司高层组织整合在一起，为持续数字化和无纸化生产奠定基础，实现数控系统的网络化、智能化。

图 2-57　MAZATROL Smooth X

虽然国产高端数控系统与国外相比在功能、性能和可靠性方面仍存在一定差距，但近年来华中数控、航天数控、北京机电院、北京精雕等单位在多轴联动控制、功能复合化、网络化、智能化和开放性等领域也取得了一定成绩。国内数控企业高端数控系统应用案例见表 2-2。

表 2-2　国内数控企业高端数控系统应用案例

特　点	典　型　案　例
多轴联动控制	应用华中数控系统，武汉重型机床集团有限公司成功研制出 CKX5680 七轴五联动车铣复合数控加工机床，用于大型高端舰船推进器关键部件——大型螺旋桨的高精、高效加工
	北京精雕推出了 JD50 数控系统，具备高精度多轴联动加工控制能力，满足微米级精度产品的多轴加工需求，可用于加工航空航天精密零部件
功能复合化	北京精雕的 JD50 数控系统集 CAD/CAM 技术、数控技术、测量技术为一体，具备在机测量自适应补偿功能
网络化与智能化	沈阳数控 2012 年推出了具有网络智能功能的 i5 数控系统。该系统满足了用户的个性化需求，用户可通过移动电话或计算机远程对 i5 智能机床下达各项指令，使工业效率提升了 20%，实现了指尖上的工厂
	华中数控围绕新一代云数控的主题，推出了配置机器人生产单元的新一代云数控系统和面向不同行业的数控系统解决方案。北京精雕的 JD50 数控系统采用开放式体系架构，支持 PLC、宏程序以及外部功能调用等系统扩展功能
	西北工业大学与企业合作研究建立了基于 Internet 的数控机床远程监测和故障诊断系统，为数控机床厂家创造了一个远程售后服务体系的网络环境，节省了生产厂家的售后服务费用，提高了维修和服务的效率
	广州数控提出的数控设备网络化解决方案，可对车间生产状况进行实时监控和远程诊断，目前已实现了基于 TCP/IP 的远程诊断与维护，降低了售后服务成本，也为故障知识库和加工知识库的建立奠定了基础

2.5.5　国内外高档数控机床发展趋势

目前，数控机床及系统的发展日新月异，作为智能制造领域的重要装备，实现数控机床的智能化、网络化、柔性化外，高速化、高精度化、复合化、开放化、并联驱动化、绿色化等也已成为高档数控机床未来重点发展的技术方向。

1. 高速化

随着汽车、国防、航空、航天等工业的高速发展以及铝合金等新材料的应用，对数控机床加工的高速化要求越来越高。数控机床高速加工指标见表2-3。

表 2-3　数控机床高速加工指标

指　　标	速　　度
主轴转速	机床采用电主轴（内装式主轴电动机），主轴转速最高达 200000r/min
进给率	在分辨率为 0.01μm 时，最大进给率达到 240m/min 且可获得复杂型面的精加工
运算速度	微处理器的迅速发展为数控系统向高速、高精度方向发展提供了保障，开发出 32 位以及 64 位 CPU 的数控系统，频率提高到几百兆赫兹、上千兆赫兹。由于运算速度的极大提高，使得当分辨率为 0.1μm、0.01μm 时仍能获得 24～240m/min 的进给速度
换刀速度	目前，国外先进加工中心的刀具交换时间普遍已在 1s 左右，高的已达 0.5s。德国 Chiron 公司将刀库设计成篮子样式，以主轴为轴心，刀具在圆周布置，其刀到刀的换刀时间仅 0.9s

为了提高数控机床各方面的性能，具有高精度和高可靠性的新型功能部件的应用成为必然。数控机床新型功能部件应用特点见表2-4。

表 2-4　数控机床新型功能部件应用特点

部　　件	应　用　特　点
高频电主轴	高频电主轴是高频电动机与主轴部件的集成，具有体积小、转速高、可无级调速等一系列优点，在各种新型数控机床中已经获得广泛的应用
直线电动机	虽然其价格高于传统的伺服系统，但由于负载变化扰动、热变形补偿、隔磁和防护等关键技术的应用，机械传动结构得到简化，机床的动态性能有了提高
电滚珠丝杠	电滚珠丝杠是伺服电动机与滚珠丝杠的集成，可以大大简化数控机床的结构，具有传动环节少、结构紧凑等一系列优点

近年来，直线电动机的应用日益广泛，如：西门子公司生产的 1FN1 系列三相交流永磁式同步直线电动机已开始广泛应用于高速铣床、加工中心、磨床、并联机床以及动态性能和运动精度要求高的机床等；德国 EXCELLO 公司的 XHC 卧式加工中心三向驱动均采用两个直线电动机。

2. 高可靠性

五轴联动数控机床能够加工复杂的曲面,并能够保证平均无故障时间在20000h以上,这是一种对产品和原材料的高效使用。在其内部具有多种的报警措施能够使操作者及时处理问题,还拥有安全的防护措施,这是对产品的一种保障,更是对操作工人和社会的一种保障。高可靠性使机床在生产时更放心,更能节约企业原材料和人工,这是对社会资源的一种节约,然而在先进工业国家,设备平均的无故障时间在30000h以上,存在的差距促使我国数控机床企业需要借鉴国外技术,以研究出更加完美的高档数控机床。

3. 高精度

高档数控机床之所以能够反映一个国家的工业制造业的水准,正是因为其高精度特点。随着CAM(计算机辅助制造)系统的发展,高档数控机床不但能够高速度、高效率加工,而且加工精度为微米级,其特有的往复运动单元能够极其细致的加工凹槽;采用光、电化学等新技术的特种加工精度可达到纳米级。同时,再进行结构的改进和优化后,还能使五轴联动数控机床的加工精度达到亚微米甚至是纳米级。

4. 复合化

随着市场的需求不断变换,制造业的竞争日趋激烈,不仅要求机床能够进行单件的大批量生产,还要能够完成小批量多品种的生产。开发复合程度更高的机床,使其能够生产多种大、小批量的类似品种,是对高档数控机床的新要求。

5. 加工过程绿色化

随着日趋严格的环境与资源约束,制造加工的绿色化越来越重要。因此,近年来不用或少用切削液、实现干切削、半干切削节能环保的机床不断出现,并在不断发展当中。新时代,绿色制造的大趋势将使各种节能环保机床加速发展,占领更多的世界市场。

2.5.6 智能机床

20世纪90年代起提出的智能机床,目前还没有一致认可的定义,一般认为智能加工的机床应具备的基本功能:①感知功能;②决策功能;③控制功能;④通信功能;⑤学习功能等。

美国国家标准技术研究所下属的制造工程实验室(MEL)、美国辛辛那提-朗姆公司、瑞士的米克朗公司和英国汉普郡大学等都对智能机床进行了研究,其中以MEL的定义最具代表性,他们认为智能机床应具有如下功能:

1)能够感知其自身的状态和加工能力并能够进行自我标定。这些信息将以标准协议的形式存储在不同的数据库中,以便机床内部的信息流动、更新和供操作者查询。这主要用于预测机床在不同的状态下所能达到的加工精度。

2)能够监视和优化自身的加工行为。它能够发现误差并补偿误差(自校准、自诊断、自修复和自调整),使机床在最佳加工状态下完成加工。更进一步,它所具有的智能组件能够预测出即将出现的故障,以提示机床需要维护和进行远程诊断。

3）能够对所加工工件的质量进行评估。它可以根据在加工过程中获得的数据或在线测量的数据估计出最终产品的精度。

4）具有自学习的能力。它能够根据加工中和加工后获得的数据（如从测量机上获得的数据）更新机床的应用模型。

日本在自动化领域的研究一向比较超前和领先，在智能加工、智能机床方面也不例外。其中，马扎克公司对智能机床的定义是：机床能对自己进行监控，可自行分析众多与机床、加工状态、环境有关的信息及其他因素，然后自行采取应对措施保证最优化的加工。换句话说，智能机床应可以发出信息和自行进行思考，达到自行适应柔性和高效生产系统的要求。

2003年在米兰举办的EMO展览会上，瑞士米克朗公司首次推出智能机床的概念。智能机床的概念是通过各种功能模块（软件和硬件）来实现的。首先，必须通过这些模块建立人与机床互动的通信系统，将大量的加工相关信息提供给操作人员；其次，必须向操作人员提供多种工具使其能优化加工过程，显著改善加工效能；第三，必须能检查机床状态并能独立地优化铣削工艺，提高工艺可靠性和工件加工质量。智能机床模块有：

1）高级工艺控制模块（Advanced Process System，APS）。APS通过铣削中对主轴振动的监测实现对工艺的优化。高速加工中的核心部件电主轴，在高速加工中起着至关重要的作用，其制造精度和加工性能直接影响零件的加工质量。米克朗公司在电主轴中增加振动监测模块，它能实时地记录每一个程序语句在加工时主轴的振动量，并将数据传输给数控系统，工艺人员可通过数控系统显示的实时振动变化了解每个程序段中所给出的切削用量的合理性，从而可以有针对性地优化加工程序。APS模块的优点是：①改进了工件的加工质量；②增加了刀具寿命；③检测刀柄的平衡程度；④识别危险的加工方法；⑤延长主轴的使用寿命；⑥改善加工工艺的可靠性。

2）操作者辅助模块（Operator Support System，OSS）。OSS模块就像集成在数控系统中的专家系统一样，它是米克朗公司几十年铣削经验的结晶。这套专家系统对于初学者具有极大的帮助作用。在进行一项加工任务之前，操作者可以根据加工任务的具体要求，在数控系统的操作界面中选择速度优先、表面粗糙度优先、加工精度优先还是折中目标，机床根据这些指令调整相关的参数，优化加工程序，从而达到更理想的加工结果。

3）主轴保护模块（Spindle Protection System，SPS）。传统的故障检修工作都是在发生损坏时才进行的，这导致机床意外减产和维护成本居高不下。预防性维护的前提是能很好地掌握机床和机床零部件状况，而监测主轴工作情况是关键。SPS支持实时检查，因此它使机床可以有效保养和有效检修故障。SPS模块的优点是：①自动监测主轴状况；②能及早发现主轴故障；③最佳地计划故障检修时间，因此可避免主轴失效后的长时间停机。

4）智能热控制模块（Intelligent Thermal Control，ITC）。高速加工中热量的产生是不可避免的，优质的高速机床会在机械结构和冷却方式上做相关的处理，但不可能百分之百地解决问题。所以，在高度精确的切削加工中，通常需要在开机后空载运转一段时间，待机床达到热稳定状态后再开始加工，或者在加工过程中人为地输入补偿值来调整热漂移。米克朗公司通过长期进行切削热对加工造成影响的研究，积累了大量的经验数据。内置了这些经验值的ITC模块能自动处理温度变化造成的误差，从而不需要过长的预热时间，也不需要操作人员的手工补偿。

5）移动通信模块（Remote Notification System，RNS）。为了更好地保障无人化自动加工的安全可靠性，米克朗将移动通信技术运用到机床上。只要给机床配置 SIM 卡，便可以按照设定的程序，实时地将机床的运行状态（如加工完毕或出现故障等）发送到相关人员的手机上。

6）工艺链管理模块（Cell and Workshop Management System，CWMS）。CWMS 用于生成和管理订单、图样及零件数据，集中管理铣削和电火花加工，定制产品所涉及的技术规格信息。此外，还能收集和管理工件及预定位置处的信息，如用于加工过程的 NC 程序和工件补偿信息，并将这些信息通过网络提供给其他系统。

CWMS 模块的功能将根据需要不断地扩展，目前主要是作为车间单元管理模块用于米克朗铣削单元的管理。可根据需要，增加一个或多个测量设备或所需数量的加工中心。最终，整个工艺链全部通过多机管理系统控制。

通常，CWMS 模块安装在米克朗机床的数控系统上或测量设备计算机上。若测量设备负荷较重或机床与测量设备间距离较大，则建议增加一个终端。由于 CWMS 模块采用开放架构，因此它可以管理所有阿奇夏米尔公司生产的机床。

智能机床模块可用于所有已运行海德汉数控系统的米克朗机床上。有些模块已经成为机床的标准配置，有些模块还属于可选配置，用户可以选择最能提高其铣削工艺的模块。

如日本马扎克公司以"智能机床"（Intelligent Machine，IM）命名的具有四大智能的数控机床：

1）主动振动控制（Active Vibration Control，AVC）——将振动减至最小。切削加工时，各坐标轴运动的加速度产生的振动，影响加工精度、表面粗糙度、刀具磨损和加工效率。具有此项智能的机床可使振动减至最小。例如，在进给量为 3000mm/min，加速度为 $0.43g$ 时，最大振幅由 $4\mu m$ 减至 $1\mu m$。

2）智能热屏障（Intelligent Thermal Shield，ITS）——热位移控制。由于机床部件的运动或动作产生的热量及室内温度的变化会产生定位误差，此项智能可对这些误差进行自动补偿，使其值为最小。

3）智能安全屏障（Intelligent Safety Shield，ISS）——防止部件碰撞。当操作工人为了调整、测量、更换刀具而手动操作机床时，一旦将发生碰撞（即在发生碰撞前的一瞬间），机床立即停机。

4）马扎克语音提示（Mazak Voice Adviser，MVA）——语音信息系统。当工人手动操作和调整时，用语音进行提示，以减少由于工人失误而造成的问题。

再如日本大隈（Okuma）公司名为"thinc"的智能数字控制系统（Intelligent Numerical Control System，INCS）。其将智能数字控制系统定名为"thinc"，是取英文"think"的谐音，表明它已具备思维能力。

"thinc"不仅可以在不受人的干预下对变化了的情况做出"聪明的决策"（Smart Decision），并且到达用户厂后还会以增量的方式在应用中不断自行增长（不像目前的 CNC 那样到用户车间后功能就不变化了），能自适应变化的情况和需求，更加容错，更容易编程和使用。总之，在不受人工干预下达到更高的生产率。这一切均不需生产者介入，用户和机床逐渐走向"自治"（autonomy）。

而且"thinc"是基于计算机的，采用的都是国际标准的硬件，随着计算机技术不断发展，用户可以自行升级换代。

2.5.7 我国高档数控机床发展途径分析

我国机床行业在世界机床工业体系和全球机床市场中占有重要地位，但目前仍然不能算作机床强国。与世界机床强国相比，我国机床行业仍具有一定差距，尤其表现在中高档机床竞争力不强。此外，受到国内外复杂经济形势的影响，我国机床行业发展回归新常态，产业向中高端转型升级的要求迫切。

我国已连续多年成为世界最大的机床装备生产国、消费国和进口国。未来10年，电子与通信设备、航空航天装备、轨道交通装备、电力装备、汽车、船舶、工程机械与农业机械等重点产业的快速发展以及新材料、新技术的不断进步，将对数控机床与基础装备提出新的战略性需求和转型挑战。对数控机床与基础制造装备的需求将由中低档向高档转变、由单机向包括机器人上下料和在线检测功能的制造单元和成套系统转变、由数字化向智能化转变、由通用机床向量体裁衣的个性化机床转变，电子与通信设备制造装备将是新的需求热点。

（1）在重点产品方面 将重点针对航空航天装备、汽车、电子信息设备等重点产业发展的需要，开发高档数控机床、先进成形装备及成组工艺生产线。其包括：电子信息设备加工装备、航空航天装备大型结构件制造与装配装备、航空发动机制造关键装备、船舶及海洋工程关键制造装备、轨道交通关键零部件成套加工装备、汽车关键零部件加工成套装备及生产线、汽车4大工艺总成生产线、大容量电力装备制造装备、工程及农业机械生产线等产品。

（2）高档数控系统方面 重点开发多轴、多通道、高精度插补、动态补偿和智能化编程，具有自监控、维护、优化、重组等功能的智能型数控系统。提供标准化基础平台，允许开发商、不同软硬件模块介入，具有标准接口、模块化、可移植性、可扩展性及互换性等功能的开放型数控系统。

（3）关键共性技术方面 近年来，机床制造基础和共性技术研究不断加强，产品开发与技术研究同步推进。机床产品的可靠性设计与性能试验技术、多轴联动加工技术等关键技术的成熟度有了很大提升。数字化设计技术研究成果在高精度数控坐标镗床、立式加工中心等产品设计上进行实际应用。多误差实时动态综合补偿和嵌入式数控系统误差补偿等软硬件系统在多个企业、多个产品上进行了示范应用，使数控机床精度得到了明显提升。

未来将重点攻克数字化协同设计及3D/4D全制造流程仿真技术、精密及超精密机床的可靠性及精度保持技术、复杂型面和难加工材料高效加工及成形技术、100%在线检测技术。

（4）在应用示范工程方面 将开展国家科技重大专项"高档数控机床与基础制造装备"智能化升级工程、航空航天高端制造装备应用示范工程、汽车轻量化材质关键部件及总成新工艺装备应用示范工程、舰船平面/曲面智能化加工流水线应用示范工程。

思考题

1. 什么是工业机器人？其分类如何？
2. 工业机器人的特点是什么？工业机器人的发展现状和趋势是什么？
3. 什么是增材制造？增材制造的分类和应用现状是什么？
4. 智能检测系统的工作原理是什么？智能检测的主要理论有哪些？
5. 什么是物联网？其技术框架是什么？
6. 高档数控机床发展趋势是什么？
7. 智能机床应具备的基本功能是什么？
8. 智能机床有哪些模块？

"两弹一星"功勋科学家：
王大珩

第 3 章

智能制造信息技术

　　智能制造时代开启并成为世界制造业争相发展的主旋律，中国、德国、美国等国家都在智能制造的发展上提出了独特观点，有所区别却联系紧密。

　　智能制造系统具有数据采集、数据处理、数据分析的能力，能够准确执行指令，能够实现闭环反馈，这些都是信息技术的体现。智能制造的基础在于互联网时代信息互联，失去了互联网这个基础设施，智能制造也不会成为现代高科技。可以说，不论"中国制造2025"还是德国"工业4.0"或是美国工业互联网都是依托互联网信息技术完成的，本质就是基于"信息物理系统"实现"智能工厂"。

　　智能依靠的智能化，直观来说就是用"物的智慧"代替"人的智慧"，是基于信息化的基础，借助数据分析、数据挖掘等创新的智能化技术，从已有的数据和信息基础中挖掘出有价值的知识，并通过在各领域中的应用创造出更多的价值，即智能化是"数据—信息—知识—价值"的转变过程。在这个转变过程中，数据和信息是信息时代的产物，知识和价值才是智能化时代的关键。因此，智能化的本质是通过对于知识的挖掘、积累、组织和应用，实现知识的成长与增值。

3.1　智能制造与CPS

　　智能是人类的一种深刻本质，一切生命系统对于自然规律的感应、认知和运用都属于智能范围。人工智能是从计算机学科发展而来的。在三体（物理实体、意识人体、数字虚体）智能理论中，提出一种更加宽泛的智能技术——"人造智能"，就是去研发一套新的智能技术系统，具有类似人的认知能力，有感知、会分析、自决策、善动作，并且在分析与决策过程中善于运用知识，同时学习、积累乃至创造知识的能力，是一种模仿、拓展和超越人类智能的能力。

　　信息物理系统（Cyber Physical Systems，CPS）作为计算进程和物理进程的统一体，是集成计算、通信与控制于一体的下一代智能系统。信息物理系统通过人机交互接口实现和物理进程的交互，使用网络化空间以远程的、可靠的、实时的、安全的、协作的方式操控一个物理实体。

　　信息物理系统包含了将来无处不在的环境感知、嵌入式计算、网络通信和网络控制等系统工程，使物理系统具有计算、通信、精确控制、远程协作和自治功能。它注重计算资源与物理资源的紧密结合与协调，主要用于一些智能系统上，如设备互联、物联传感、智能家居、机器人、智能导航等。

3.1.1　CPS的技术本质与内涵

1. CPS的发展历程

　　早在20世纪90年代，美国对CPS技术核心就有了定义：控制、通信和计算，简称3C。
　　起初CPS的科学研究和应用开发的重点放在了医疗领域，利用CPS技术在交互式医疗器械、高可靠医疗、治疗过程建模及场景仿真、无差错医疗过程和易接入性医疗系统等方面进行改善，同时开始建立政府公共的医疗数据库用于研发和管理，实现医疗系统在设计、控制、医疗过程、人机交互和结果管理等方面的使能技术突破。

随后，CPS技术又运用到能源、交通、市政管理和制造等各个领域。因此，CPS并不是单项技术，而是一个丰富的技术体系，虽然这个技术体系中的某些技术点的内涵和定义在不同的应用领域中有所区别，但是CPS背后的哲学和思想却有很强的共性。

CPS是在环境感知的基础上，深度融合计算、通信和控制能力的可控、可信、可扩展的网络化物理设备系统，它通过计算进程和物理进程相互影响的反馈循环实现深度融合和实时交互来增加或扩展新的功能，以安全、可靠、高效和实时的方式检测或者控制一个物理实体。

2. CPS的广义内涵与狭义内涵及实体空间与赛博空间

CPS的意义在于将物理设备联网，是连接到互联网上，让物理设备具有计算、通信、精确控制、远程协调和自治等五大功能。CPS本质上是一个具有控制属性的网络，但它又有别于现有的控制系统。CPS把通信放在与计算和控制同等地位上，因为CPS强调的分布式应用系统中物理设备之间的协调是离不开通信的。CPS对网络内部设备的远程协调能力、自治能力、控制对象的种类和数量，特别是网络规模上远远超过现有的工控网络。美国国家科学基金会（NSF）认为，CPS将让整个世界互联起来。如同互联网改变了人与人的互动一样，CPS将会改变我们与物理世界的互动。

CPS的狭义内涵：实体系统里面的物理规律以信息的方式来表达。

CPS的3C技术元素从功能性上定义了CPS的狭义内涵，也是目前最常用的对CPS的定义方式，但是这个狭义的内涵并不能给我们太多的启发和参考意义。正如Cybernetics这个词的本源是像舵手一样去感知、分析、协作和执行，如果要从更加广义的层面去理解CPS，还应关注另外3个C的元素：

（1）Comparison（比较性）　多个层次的比较，既有相似性的比较，又有差异性的比较。比较的维度既可以是在时间维度上与自身状态的比较，又可以是在集群维度上与其他个体的比较。这种比较分析能够将庞大的个体信息进行分类，为接下来寻找相似中的普适性规律和差异中的因果关系奠定基础。

（2）Correlation（相关性）　在工业物联网环境中，有许多的传感器和信息源，彼此相互关联。在相同的时间窗口中，这些信号的相关性可以用来作为特征。相关性是记忆的基础，简单地将信息存储下来并不能称为记忆，通过信息之间的关联性对信息进行管理和启发式的联想才是记忆的本质。相关性还提高了人脑管理和调用信息的效率。在回想一个画面或是场景时，往往并不是去回忆每一个细节，而是有一个如线头一样的线索，去牵引它从而引出整个场景。这样的类似记忆式的信息管理方式运用在工业智能中，就是一种更加灵活高效的数据管理方式。

举一些利用相关性进行信息管理的例子。一辆车在通过某个区域时，遇到一段坑洼的道路，如果这辆车在通过时探测到路面情况之后，将这个信息与地理位置联系在一起，就可以提醒其他的车辆避让。又如系统的输入和输出特性，建立这种相关性后可以作为状态评估、预测和优化的依据。发动机的能耗与环境状态、控制参数和健康状态有关，在建立这种关系后就可以通过动态调整控制参数帮助飞机节省燃油。环境的相关性也十分重要，无人机在建立地形模型时，虽然春夏秋冬不同季节地貌会变化，但是物体之间位置的相关性不会改变。

当这种相关性建立起来后，即使这种地貌发生了变化，依然能够精确识别目标。生产系统中的自动质量检测（AOI）大部分都是检查质量的结果，但是如果把结果与产品的生产路径（process path）联系起来，就能够对缺陷的产生过程进行精确的分析和回溯。而当关系建立起来后，能够知道监控哪些过程参数可以预测最终产品的质量。

总结来说，物联网是可见世界的连接，而所连接对象之间的相关性则是不可见世界的连接。

（3）Consequence（目的关联性）　在制订一个特定的决策时，其所带来的结果和影响应同等地分析。例如北京周围的工厂在生产时如何把效能提升到最高，把产生雾霾的可能性降到最低等。因此，CPS的所有活动都应具有很强的目的性，即把目标精度最大化，把破坏度最小化的结果管理。结果管理的基础是预测，在现在的制造系统中，如果可以预测到设备性能的减退对质量的影响，以及对下一个工序质量的影响，就可以在制造过程中对质量风险进行补偿和管理。

CPS的广义内涵：对实体系统内变化性、相关性和参考性规律的建模、预测、优化和管理。

（1）Resource（来源）　数据来源可以是历史的数据、传感器的数据或是人的经验数据，这些数据都可以用一种逻辑的方式形成一种知识模型。同时，来源也是比较性的基础。

（2）Relationship（关系）　基于比较和相关性的分析，挖掘显性和隐性的关系。例如，半导体的过程监测中有上百个传感器数据，但是可以从历史报警的信息中，利用贝叶斯网络建立传感器的关系图谱，最后发现上百个传感器与5个传感器有强相关性，只用这5个传感器的组合就可以管理所有传感器数据所代表的状态。又如，在了解发动机运行过程中气压和空气密度与燃烧温度和转速之间的关系后，美国GE公司的发动机通过建模优化能够提高1%的燃油效率。

（3）Reference（参考）　参考性有两个方面，一个是比较的参考，另一个是执行的参考，也可分为主动的参考和被动的参考；同时，参考也是记忆的基础。如果是以结果作为参考，那么目的就是去定义其发生的根本原因；如果是以过程作为参考，那么目的就是去寻找避免问题的途径。古语云："以铜为鉴，可以正衣冠；以古为鉴，可以知兴替；以人为鉴，可以明得失"，这句话蕴含了深刻的哲理，也总结了参考性的三个维度，即以传感器（铜镜）所反映的自身状态为参考、以历史数据中的相关性和因果性为参考，还有以集群中的其他个体作为参考。赛博空间与实体空间对应的CPS内涵如图3-1所示。

CPS是赛博（Cyber）空间与实体（Physical）空间融合、虚实结合的产物。要深入理解CPS，必须对其最关键的词汇赛博有所了解。赛博包含了五个含义，即控制、通信、协同、创新、虚拟。CPS是通过计算核心（嵌入式系统）实现感知、控制、集成的物理、生

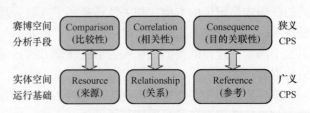

图3-1　赛博空间与实体空间对应的CPS内涵

物和工程系统。CPS的功能由计算和物理过程交互实现。也可以将CPS分为广义的CPS和狭义的CPS。广义的CPS，如宇宙中的物质和反物质、暗物质。又如人类社会中的虚拟经济和实体经济。拿生物体来说，就是人的思想和身体，这就是一个完整的CPS系统。

狭义的 CPS 系统，主要指的是人造工程，如各种产品、建造的各种大坝，以及高铁、机场等。这些人造工程，都由大量的产品构成。而产品，由实体部分和控制部分组成，控制部分就是赛博，实体部分就是 Physics。产品的制造过程，也分为控制设备和硬件设备，控制设备就是赛博，硬件设备就是 Physics。智能产品分为软件和硬件，赛博是软件，Physics 就是硬件。

赛博（Cyber）实质是一种实现控制的特殊结构，借由信息来控制物质、能量和信息。有句话描述得非常清晰：虚实精确映射，就是指虚拟世界或者叫赛博世界和物理世界相互精确映射。然后，赛博空间控制物理空间。只要具备了这些，就能构成一个最简单的 CPS 最小单元。

如果将 CPS 看作三个层级。单元级是具有不可分割性的信息物理系统最小单元：可以是一个部件或一个产品，通过"一硬"和"一软"（如嵌入式软件）就可构成"感知—分析—决策—执行"的数据闭环，具备了可感知、可计算、可交互、可延展、自决策的功能。系统级是"一硬、一软、一网"的有机组合。单元级通过工业网络，实现更大范围、更宽领域的数据自动流动，就可构成智能生产线、智能车间、智能工厂，实现多个单元级 CPS 的互联、互通和互操作，进一步提高制造资源优化配置的广度、深度和精度。系统之系统级（即 SOS 级）是多个系统级 CPS 的有机组合，涵盖了"一硬、一软、一网、一平台"四大要素。系统之系统级 CPS 通过大数据平台，实现了跨系统、跨平台的互联、互通和互操作，促成了多源异构数据的集成、交换和共享的闭环自动流动，在全局范围内实现信息全面感知、深度分析、科学决策和精准执行。CPS 内容博大精深，它大到包括整个工业体系，小到一个简单的可编程序控制器，这些是一切智能系统的核心。理解 CPS 才能理解智能制造。因此，在我国推进智能制造的进程中，一定要重视 CPS 的核心作用。

3.1.2 CPS 的技术体系与工业智能实现

CPS 并不是某个单独的技术，而是一个有明显体系化特征的技术框架，即以多源数据的建模为基础，并以智能连接（Connection）、智能分析（Conversion）、智能网络（Cyber）、智能认知（Cognition）和智能配置与执行（Configuration）作为其 5C 技术体系架构（图 3-2）。

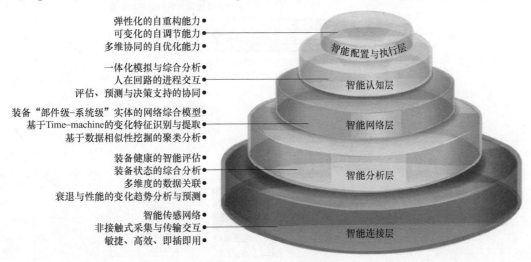

图 3-2 CPS 技术体系构架

第一层：智能连接层

从机器或单元级出发，第一件事是如何以高效和可靠的方式获取数据。它可能包括一个本地代理（用于数据记录、缓存和精简），并用来发送来自本地计算机系统数据到远程中央服务器的通信协议。基于众所周知的束缚、自由通信方式，包括 ZigBee、蓝牙、WiFi、UWB 等，以前的研究已经调查并设计坚固的工厂网络方案来使机器系统更智能，因此数据的透明化是第一步。可以说，智能连接的核心在于按照活动目标和信息分析的需求进行选择性和有所侧重的数据采集。

由于外部环境的多样性和复杂性，在智能连接层的感知过程中，若不加以侧重和筛选，屏蔽掉无用信息和噪声，同时强化关联数据的收集，则会严重影响分析的效率和准确性。可以将智能连接与人的感知进行类比，人的感知就具有很强的选择性，主要体现在以下两个方面：①对待与自身安全和活动目标相关的感知会增强；②对待同一环境中发生变化的事物的感知会增强。同时，由于人的经历、活动目标、记忆和对价值认识的不同，往往不同的人对同一个环境所获取和关注的信息也不相同，这说明人类的感知系统具有很强的目的性，其作用是帮助提高数据获取分析的效率，以便更快速地应对外部环境的变化。

与之相比，已有智能系统的连接感知其实并不是智能的，因为其并不具备以目标为导向的柔性数据采集的特征，而是将传感器布置之后就不加选择地进行数据采集与传输。与传统的传感体系有本质不同的是，在 CPS 体系中对于设备的"自感知"能够改变现有的被动式传感与通信技术，从而实现智能化与自主化的数据采集。

从智能连接层的实现路径来看，其可能的技术支撑包含：

1）核心。自感知系统的整体设计与集成、应激式自适应数据采集管理与控制系统等技术。

2）关键。数据采集设备、数据库设计、数据环网、自意识传感等技术。

3）相关。传感器、缓存器、数据传输、信息编码、抗干扰等技术。

智能连接层可在实体空间中完成，对应的自适应控制部分在赛博空间中完成，由此形成赛博—实体空间的数据按需获取。图 3-3 所示为智能连接层流程。

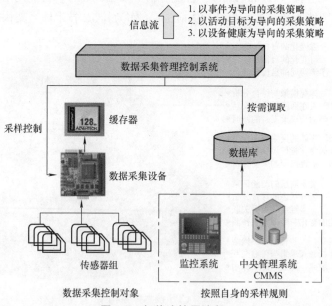

图 3-3　智能连接层流程

第二层：智能分析层（即数据到信息转换层）

在工业环境中，数据可能来自不同的资源，包括控制器、传感器、制造系统（ERP、MES、SCM 和 CRM 系统）、维修记录等。这些数据或信号代表所监视机器的系统状况，但该数据必须转换成可用于一个实际应用程序的有意义的信息，包括健康评估和风险预测等。

智能分析层要以人类思维为蓝本进行分析类比，须具有以下特征：

1）选择性。仅记忆与自身的活动和思维相关的信息，对熟悉环境中变化的部分印象更加深刻。

2）抽象性。从数据中提取特征进行记忆，并通过分析将状态和语义相互对应（情节＋语义式的记忆模式）。

3）归纳性。记忆的聚类过程，并与特定活动相关联，是学习过程的基础。

4）关联性。即形成 $A \rightarrow B$ 的映射关系，是信息到判断结论的映射过程。

5）时序性。新的记忆更加鲜明，旧的记忆逐渐淡去，使记忆的调用与分析更加高效。

也就是说智能分析层的核心就是记忆与分析，通过信息频率及海量解决方案达到数据信息智能筛选、储存、融合、关联、调用，形成"自记忆"能力。

从智能分析层的实现路径来看，可能的技术支撑包含：

1）核心。自记忆系统的整体设计与集成、自适应优先级排序、智能动态链接索引、数据分析数据集、智能数据重构等技术。

2）关键。集成了专家知识的信号处理、特征提取、特征变化显著性分析、多维目标聚类分析、关联性分析、分布式存储、信息安全等技术。

3）相关。数据压缩、信息编码、数据库结构、云存储等技术。

图 3-4 所示为智能分析层流程。

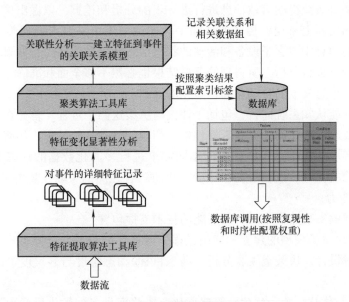

图 3-4　智能分析层流程

第三层：智能网络层（即网络化的内容管理）

智能网络层需要做的，是针对 CPS 的系统需求，对装备、环境、活动所构成的大数据环境进行存储、建模、分析、挖掘、评估、预测、优化、协同等处理获得信息和知识，并与装备对象的设计、测试和运行性能表征相结合，产生与实体空间深度融合、实时交互、互相耦合、互相更新的赛博空间，并在赛博空间中形成体系性的个体机理模型空间、环境模型空间、群体模型空间及对应的知识推演空间，进而对赛博空间知识指导实体空间的活动过程起到支撑作用。

智能网络层的实现过程实质上可包括两大部分：空间模型建立与知识发现体系构建。

1）空间模型建立。包括了针对赛博空间中的个体空间、群体空间、活动空间、环境空间及对应的知识推演空间，建立有效的模型，尤其是以数据驱动为核心的 CPS 数据模型，以形成面向对象的完备智能网络系统。

2）知识发现体系构建。通过记录实体空间中对象与环境的活动、事件、变化和效果，在赛博空间建立知识体系，形成完整的、可自主学习的知识结构，并结合建立起的机理空间、群体空间、活动空间、环境空间和推演空间知识库和模型库，构建"孪生模型"，完成在赛博空间中的实体镜像建模，形成完整的 CPS 知识应用与知识发现体系，并以有效的知识发现能力，支持其他 CPS 单元或系统通过智能网络层进行相互连接与信息共享。而知识发现的过程则遵循了从自省、预测、检验到决策的智能化标准流程，完成信息到知识的转化。

从智能网络层的实现路径来看，其可能的技术支撑包含：

1）核心。智能网络空间的知识发现体系设计、多空间建模、推演关系建模、关联分析、影响分析、预测分析等技术。

2）关键。数据挖掘、信息融合、机器学习等技术。

3）相关。模式识别、状态评估、根原因分析等技术。

第四层：智能认知层（即评估与决策层）

智能认知层是对所获得的有效信息进行进一步的分析和挖掘，以做出更加有效、科学的决策活动。从认知层面上来说，传统的认知手段往往采用单一要素处理单一问题的静态方式，然而当获得的信息中包含了设备和活动的状态信息和关联关系时，如果不考虑信息中的相关性而对单一变量进行分析，所得到的分析结果也必然不够全面和准确。这也是目前的监控系统无法实现真正意义上的自动化和智能化的原因。

因此，对于智能认知系统而言，包括了评估与决策这两个过程，首先在评估过程的信息分析方式上，需要改变传统的单一要素处理单一问题的静态认知过程，从而能够模仿人的大脑活动。在复杂环境与多维条件下，面向不同需求进行多源化数据的动态关联、评估和预测，最终达成对物的认知，以及对物、环境、活动三者之间的关联、影响分析与趋势判断，形成"自认知"能力。

从智能认知层的实现路径来看，其可能的技术支撑包含：

1）核心。网络虚拟模型的建立和使用过程、运算环境和平台、分布式仿真体系、自决策体系构架和流程设计、决策类关联分析、动态目标/动态维度与多尺度下的分布协同优化等技术。

2）关键。参数优化、流程优化、策略优化、能够满足多维优化目标和复杂优化相关因素的算法模型等技术。

3）相关。底层编程语言和开发环境、定制化服务、APP 开发、流程管理、资产管理、信息可视化等技术。

第五层：智能配置与执行层

智能配置与执行层是基于赛博空间指导的实体空间决策活动执行，其产生的新的感知，又可传递回第一层（即智能连接层），由此形成 CPS 五层架构的循环与迭代成长。

因此，智能配置与执行能力的核心在于，将决策信息转化成各个执行机构的控制逻辑，实现从决策到控制器的直接连接。如果说从数据到信息再到决策的过程是数据从发散到收敛的过程，那么智能配置与执行层就是将收敛后的结果再发散到每个机构的执行逻辑传达过程，其主要难度在于控制目标与不同的控制器之间的通信与同步化集成。

从智能配置与执行层的实现路径来看，其可能的技术支撑包含：

1）核心。自免疫、自重构、鲁棒与容错控制、实时控制、产业链协同平台等技术。

2）关键。动态排程、自恢复系统等技术。

3）相关。控制优化、冗余设计、状态切换、人机平台、保障服务等技术。

根据以上 CPS 的 5 层技术体系架构，可以用图 3-5 总结对应体系每一层的核心能力与技术。

图 3-5　CPS 的 5 层技术体系架构、技术、目标示意

3.1.3　CPS 的应用体系与其应用实践

CPS 的应用模式具有很强的体系化特征，包括实体空间、赛博空间以及连接两者的交互接口。实体空间包括以设备、环境和人为核心的产业要素，由设计者、生产者和使用者三要素所构成的面向生产活动的产业链，以及同样由这三要素构成的面向服务的价值链。赛博空间包括数据层、映射层、认知层和服务层四个方面，并分别对应实体空间中各个要素的状态管理、关系管理、知识管理和价值管理。两者之间的交互接口包括部署在设备边缘端的智能软硬件和将实体系统进行连接并提供信息通道的工业互联网。CPS 的这种应用体系实现了其三个基本功能单元（智能控制单元、智能管理单元和认知环境）在各个层级和应用场景中既相互融合（外部价值）又彼此独立（内部功能），并最终实现价值链的再创造和产业链的互动与转型。

CPS 的应用体系（图3-6）是由价值链、产业链、生产要素、软硬件、工业互联网、数据层、映射层、认知层、服务层建立起来的，涵盖了生产者、设计者、使用者、装备、环境等一系列要素的完整循环体系。

CPS 在制造业的应用，可认为是最终实现工业价值链的再造，实现设计者从满足需求到设计价值的改变，生产者从交付产品到交付能力的改变以及使用者从单一盈利到共同盈利的转型，最终实现有利互动的全新价值链。

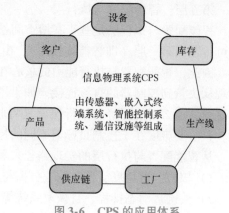

图 3-6　CPS 的应用体系

随着信息技术在现实世界中更加广泛、深入应用，CPS 技术已广泛应用于城市交通、航空航天、智能电网、汽车电子、节能建筑、保健医疗、城市供水基础设施等各个重要领域。例如：在航天领域中，人造卫星是飞行器系统、各种传感器、通信系统、地面指挥与控制系统集合而成的有机整体，是典型的集计算、物理环境等因素于一体的复杂 CPS 系统。

1. 航天工业 CPS 应用

以航天工业中人造卫星姿态控制为例，人造卫星是在一定高度的轨道上绕地球运转并能执行相关任务的航天器。卫星姿态控制系统作为卫星平台的核心，保证了卫星在轨正常的运行。因为卫星是在太空失重的环境下运行，如果不对它进行姿态控制或者控制失误，它就会乱翻筋斗。这种情况是绝对不允许出现的，并且卫星都有自己特定的任务，在飞行过程中对它的飞行姿态都有一定的要求。例如，通信卫星需要它的天线始终对准地面，对地观测卫星则要求它的观测仪器的窗口始终对准地面。因此，卫星姿态控制系统是一个集环境感知、数据计算和飞行控制紧密交互、深度融合的典型复杂 CPS 系统应用实例，下面针对卫星姿态控制系统，简要分析总结 CPS 系统的关键特性及面临的挑战。

卫星姿态控制是为了控制卫星的空间位置和寿命的一项重要控制方面，卫星的姿态要考虑受到各种外力的作用，如行星大气、太阳电磁辐射、引力场和磁场对卫星绕质心的姿态运动会分别产生气动力矩、光压力矩、引力梯度力矩和磁力矩，这些干扰力矩对航天器姿态控制产生影响。图3-7所示为 CPS 控制卫星姿态结构图。

卫星姿态控制系统由星载控制器，姿态传感器和执行器三部分组成。姿态传感器包括星敏感器、陀螺、加速度计等，主要是感知和测量卫星的姿态变化。姿态执行器包括反作用飞轮、喷嘴、轨控发动机等，主要作用是根据姿态控制器送来的控制信号产生力矩，使卫星姿态恢复到正确的位置。星载控制器一般采用一个控制枢纽——星载计算机，来集中管理卫星姿轨控、遥控、遥测、各类载荷等任务，姿态控制程序和其他程序如轨道程序和遥控程序等都属于应用程序，运行在星载计算机和操作系统上。姿态控制应用程序的处理流程如下：姿态传感器输入卫星姿态角变化值，控制器根据卫星姿态和轨道动力学进行计算，产生控制指令再输出到姿态执行器，以产生控制力矩来实现姿态控制。

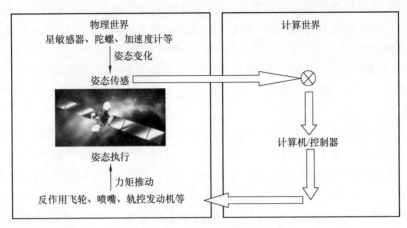

图 3-7 CPS 控制卫星姿态结构图

2. 船舶工业 CPS 应用

结合船舶领域的应用需求，构建了"装备端—CPS 云端—用户端"三位一体的船舶领域 CPS 知识体系，实现知识的挖掘、积累、组织、成长和应用。该体系主要由 CPS 云智能胶囊、CPS 数据分析与信息服务平台、赛博空间等核心部分组成。图 3-8 所示为船舶领域 CPS 知识体系的应用。

图 3-8 船舶领域 CPS 知识体系的应用

智能船舶运行与维护系统是按照 CPS 智能胶囊的设计要求，面向船舶运行与维护过程构建的一套具有机器自主学习能力的智能信息分析与决策支持系统。利用工业大数据分析技术进行数据分析与处理，从而全面、定量地了解船舶装备当前及未来的经济性、安全性状态，并面向运行、维护、管理活动需求，提供定制化的决策支持应用。从目前在散货船、集装箱船和巨型油轮上的应用效果来看，该系统可以有效降低船舶使用难度、节省燃油消耗、减少意外事故发生以及控制全生命周期运营成本与能源消耗问题。

CPS 云平台按照 CPS 数据分析与信息服务平台赛博空间的设计要求，面向船舶设计、制造、集成、销售、运营、维护、管理、售后、物流等全产业链各环节，构建的一整套面向船舶工业产业链的工业云平台。

3. 交通运输中的 CPS 应用

现代交通运输系统是一个典型的 CPS 系统，当前发展交通系统方面的技术瓶颈包括：

可靠性问题、重复利用性问题和成本问题。当前道路交通控制系统是封闭的，而不是基于互联网的系统，其需要更加开放的控制方法。因此，交通 CPS 是这方面的一个重要领域，具有重要的研究价值。

适应未来的 CPS 系统的计算、控制与决策均有将信息空间与物理空间整合为一体的要求。因此，除信息感知、解析、融合、挖掘等基础研究，CPS 的研究也与具体的物理系统背景领域密切相关。

将 CPS 引入交通系统，正符合了交通物理对象及环境与交通信息空间深度融合的需要。因此，研究交通信息物理系统（Transportation Cyber Physical Systems，TCPS）具有两方面的用途：一方面作为 CPS 应用领域的一个子系统，TCPS 具有与 CPS 很多相似的特征，由于 TCPS 针对实际的交通系统，研究 TCPS 可以为 CPS 发展提供应用基础；另一方面，TCPS 将是下一代智能交通系统发展的重要方向，已受到学术界关注，TCPS 可以为解决现有的交通问题提供技术支撑，借助于 CPS，对传统的交通信息系统体系结构进行优化与完善，建立包含"感知—通信—计算—控制—服务"的新型交通系统体系。将交通信息系统与交通物理系统进行深度融合，加强各子系统之间的相互协调能力，通过信息系统与物理系统之间的相互反馈，可以实现交通系统的感知、通信、计算和控制等过程之间广泛的互联、互通、互操作，为交通系统广域多维的协调与优化提供保障。图 3-9 所示为 TCPS 交通行业应用基本框架。

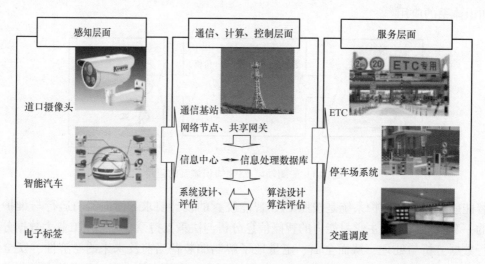

图 3-9　TCPS 交通行业应用基本框架

随着 CPS 的应用越来越广泛，CPS 的设计和实现能否达到人们对 CPS 系统效能的极高要求就显得至关重要，使得 CPS 领域的验证技术发展面临着巨大的机遇和挑战。目前在计算系统和物理系统中，都有较为成熟的验证理论和方法，但是由于这两者研究领域长期分离，这些理论和方法都是从某个侧面或者所关注的某些方面进行研究，并不完全适合 CPS 系统信息物理协同验证。而构成 CPS 系统的计算过程和物理过程深度融合共同实现系统的功能，并且共同影响系统的非功能属性（如时序正确性、实时性和能耗等）。因此，CPS 的验证必须考虑计算过程和物理过程之间的影响。

3.1.4 CPS 为我国产业升级带来的机会空间

从目前人工智能的进展来看，技术是非常重要的，但是人的作用才是整个智能制造的最为重要的因素，只有把人整体融入 CPS 中并和 CPS 有机结合在一起，才能提升我国制造业的整体发展水平。

CPS 在制造业的应用，可认为是最终实现工业价值链的再造，实现设计者从满足需求到设计价值的改变，生产者从交付产品到交付能力的改变以及使用者从单一盈利到共同盈利的转型，最终实现有利互动的全新价值链，弥补中国工业产业链在价值环节的欠缺。

由此，数据、映射与认知的 CPS 核心应用能力，可达成工业产业链向价值链的转型，而 CPS 在中国的有效应用，即"一硬、一软、一网、一云"的实现，将有效助力国家工业与信息化部所提出的"两化融合"与"新四基"发展：

一硬：实现人、实体系统、实体环境的硬件协同。

一软：实现以机器自主认知与决策系统为核心的工业系统与信息系统的集成系统，即系统的系统（SOS）。

一网：实现涵盖工业价值链所有单元的工业互联网。

一云：实现整合数据、映射、认知、服务的"四位一体"云环境。

对于我国工业而言，工业体系的完备性使得我国有着其他国家无法比拟的全产业链上下游贯穿应用的优势，并且中国消费市场的庞大以及信息技术的快速发展，又给中国经济带来了数十年长足发展的优势；然而，要素驱动所带来的中国工业制造低端化、追随战略所带来的自主知识缺失等，都是中国工业发展所必须突破的瓶颈。

CPS 将是中国应对新经济条件下两化融合和产业转型的使能技术之一，对于任何新出现的技术体系，中国不仅需要认真学习、消化、借鉴和吸收其他发达国家的成功经验，更需要结合自身的国情、需求、现状与能力，建立适合自身发展的方法论、技术体系和工业应用能力，而非盲目追随与模仿。兼容并举，自主创新，才是中国从"制造大国"走向"智造强国"的必由之路！

3.2 大数据技术

IT 产业在其发展历程中，经历过几轮技术浪潮。如今，大数据浪潮正在迅速地朝人们涌来，并将触及各个行业和生活的许多方面。大数据浪潮将比之前发生过的浪潮更大、触及面更广，给人们的工作和生活带来的变化和影响更深刻。大数据的应用激发了一场思想风暴，也悄然地改变了人们的生活方式和思维习惯。大数据正以前所未有的速度颠覆人们探索世界的方法，引起工业、商业、医学、军事等领域的深刻变革。

3.2.1 大数据定义

"大数据"这个词早在 1980 年就被未来学家托夫勒在其所著的《第 H 次浪潮》中热情地称颂"第 H 次浪潮的华彩乐章"。大数据逐渐成为热点词汇，是在 2008 年 9 月《自然》杂志推出了名为"大数据"的封面专栏之后。关于大数据的基本概念，英文名称有以下几种：大数据（BigData）、大尺度数据（Large Scale Data）和大规模数据（Massive Data），当然不同英文含义翻译为中文其含义差别更大，目前尚未形成统一的定义。维基百科认为，大数据或称巨量数据、海量数据、大资料，指的是所涉及的数据量规模巨大到无法通过人工，在合理时间内达到截取、管理、处理、规整。

大数据有多大可以用图书为例子说明。《红楼梦》含标点 87 万字（不含标点 853509 字），每个汉字占两个字节：1 汉字 = 16bit = 2 × 8 位 = 2bytes，1GB 约等于 671 部红楼梦，1TB 约等于 631903 部，1PB 约等于 6470678911 部。美国国会图书馆藏书 151785778 册，中国国家图书馆藏书 2631 万册。1EB = 4000 倍美国国会图书馆存储的信息量。600 美元的硬盘就可以存储全世界所有的歌曲。2010 年全球企业硬盘上储存了超过 7EB（70 亿 GB）的新数据，消费者在计算机等设备上储存超过 6EB 新数据。

图 3-10 所示为大数据技术路线。

大数据的数据有很多种来源，包括公司或机构的内部来源和外部来源。数据来源可以分为五大类。

1）交易数据。包括 POS 机数据、信用卡刷卡数据、电子商务数据、互联网点击数据、企业资源计划系统数据、销售系统数据、顾客关系管理系统数据、公司的生产数据、库存数据、订单数据、供应链数据等。

2）移动通信数据。能够上网的智能手机等移动设备越来越普遍。移动通信设备记录的数据量和数据的立体完整度，常常优于各家互联网公司掌握的数据。移动设备上的软件能够追踪和沟通无数事件，从运用软件存储的交易数据（如搜索产品的记录事件）到个人信息资料或状态报告事件（如地点变更即报告一个新的地理编码）等。

3）人为数据。人为数据包括电子邮件、文档、图片、音频、视频，以及通过微信、博客、推特、维基、脸书、Linkedin 等社交媒体产生的数据流。这些数据大多数为非结构性数据，需要用文本分析功能进行分析。图 3-11 所示为每分钟产生的数据。

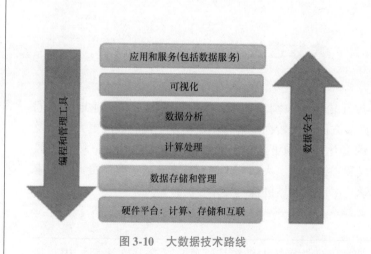

图 3-10　大数据技术路线　　　　　　图 3-11　每分钟产生的数据

4）机器和传感器数据。来自传感器、量表和其他设施的数据、定位/GPS 系统数据等。还包括功能设备创建或者生成的数据，如智能温度控制器、智能电表、工厂机器和连接互联网的家用电器数据。来自新兴的物联网的数据是机器和传感器所产生的数据的例子之一。来自物联网的数据可以用于构建分析模型，连续检测预测行为（如当传感器值表示有问题时进行识别），提供规定的指令（如警示技术人员在真正出问题之前检查设备）等。

5）互联网上的"开放数据"来源。政府机构、非营利组织和企业免费提供的数据。

尽管上面列出了大量的数据源，但是要满足具体企业或者机构的具体需要，也常常有困难。

3.2.2 大数据的特点

大数据特征可以归结为4V特点，即为 Volume（大量）、Variety（多样）、Velocity（高速）、Value（价值不同）（图3-12）。

图3-12 大数据4V特点

1）Volume。现有数据单位由小增长 Bit、KB、MB、GB、TB、PB、EB、ZB、YB 等。一般情况下，大数据是以 PB、EB、ZB 为单位进行计量的。1PB 相当于50%的全美学术研究图书馆藏书信息内容；5EB 相当于至今全世界人类所讲过的话语；1ZB 如同全世界海滩上的沙子的数量总和。

2）Velocity。大数据的增长速度快，据英国 Coda 研究咨询公司调查，现在及未来几年美国移动网络数据增长如图3-13所示。

大数据的处理速度快，实时数据流处理的要求高，是区别大数据应用和传统数据库应用、BI 技术的关键差别之一。对于大数据应用而言，必须要在 1s 内形成答案，否则处理结果就是过时和无效的。

3）Variety。大数据基本上可以看作由物联网数据、行业/企业内数据、互联网数据拼接而成，数据来源多，数据类型多，数据关联性强。企业内部多个应用系统的数据、互联网和物联网的兴起，带来了微博、社交网站、传感器等多种来源。保存在关系数据库中的结构化数据只占少数，70%~80%是如图片、音频、视频、模型、链接信息、文档等非结构化和半结构化的数据。数据之间频繁交互，如游客在旅行途中上传的图片和日志，就与游客的位

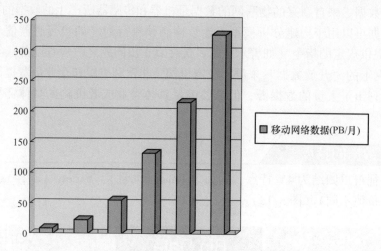

图 3-13 未来几年美国移动网络数据增长

置、行程等信息有了很强的关联性。

4）Value。大数据不仅是技术，关键是产生价值，可以从各个层面进行优化，更要考虑整体。挖掘大数据的价值类似沙里淘金，从海量数据中挖掘稀疏但珍贵的信息；价值密度低，是大数据的一个典型特征。大数据与传统数据的区别见表 3-1。

表 3-1 大数据与传统数据的区别

区　别	传 统 数 据	大 数 据
数据量需求	GB、TB	TB、PB 以上
速度	数据量稳定，增长不快	持续实时产生数据，年增长量在 60% 以上
多样性	结构化数据	结构化数据、半结构化数据、多维数据、音视频
价值	统计和报表	数据挖掘和预测性分析

3.2.3 大数据的处理流程

图 3-14 所示为数据分析处理流程。

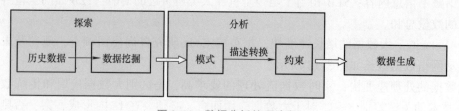

图 3-14 数据分析处理流程

以模型注入的数据处理为例，数据处理流程如下：

1. 数据定义分析

根据数据模型分析该系统数据定义，确定数据表生成的范围。按照寿命周期等客观属性，该系统的数据表大致可分为基础数据、业务数据、自动采集数据等大类。其中基础数据主要包括单位、设备、器材等目录代码及一系列的枚举型应用字典。业务数据主要包括各类计划、业务流转过程数据等。自动采集数据主要包括设备、器材自动化测试、环境监控等终端采集的数据。

2. 准备真实数据

将能够得到的真实数据经预处理后加载到对应的数据表中，作为必要的基础。基础数据变化慢，寿命周期长，有少量的真实数据；业务流程数据变化快，历史积累多，有较多真实数据；自动采集数据同具体对象相关，重点设备及配备量大的设备数据多，一般设备及配备量小的数据少。

3. 确定数据生成策略

具体分析数据表，在总体上确定各表数据生成的顺序（被引用父表必须在子表数据生成之前生成）。确定单表数据生成方式，并通过规范化语言描述，供数据生成工具使用。

4. 按策略描述生成数据

数据生成工具按照规范化语言描述策略生成数据。规范未知数据如部分设备的测试数据。

5. 效果分析

某型设备组成件的测试数据历史积累少，难以支撑系统分析测试要求，可以采用模式注入等方法进行数据生成。通过设备生成的数据同真实数据具有很大的统计相似性，为某设备管理综合信息系统的用户试用和质量评测提供了很大帮助。

3.2.4 大数据分析

要想从急剧增长的数据资源中充分挖掘并分析出有价值的信息，就需要以先进的分析技术作为支撑。从宏观上来看，大数据分析技术的发展所面临的问题均包含以下三个主要特征：数据结构与种类多样化，并以非结构化和半结构化的数据为主；数据量庞大并且正以惊人的速度持续增长；必须具备及时、快速的分析速度，即实时分析。

1. 传统的数学分析方法

（1）柱状图法 柱状图会将所有数据展现在一个面上，各项目的具体数值可以直接在图上找到，使得在处理数据时既可以得到走势，又能找到具体值，从而更加方便。

（2）直方图法 一种二维统计图表，两个坐标轴分别代表统计样本和该样本对应的某个属性的度量。正常情况下的直方图呈现中间高、两边低且近似对称的状态；而对于出现的异常状态，如孤岛形（中间有断点）、双峰形（出现两个峰）、陡壁形（像高山的陡壁向一边倾斜）、平顶形（没有凸出的顶峰，呈平顶型）等，每种形态都反映了数据的不正常，继而反映事件的不正常。如陡壁形就说明研究的产品质量较差，这时就要对数据进行更深入的整理。

（3）折线图法 它是数据走向的最直观的表示，线的曲折变化对于评估各阶段数据的发展有极大的优势。在折线图上还可以将各个相关因素聚集起来，根据图形形状也能更好地比较各个因素之间的主次。

（4）回归分析法　就是在拥有大量数据的基础上利用数学统计方法，建立起自变量与因变量之间的回归方程，来预测自变量与因变量之间的关系。前面的柱状图、折线图及直方图都只能展现数据发展的趋势，而回归分析中得到的回归方程可以将这些相关性量化，从而使之具有实用价值。回归分析的假定、统计和回归诊断对于线性回归极具优势。另外，对于非线性关系回归分析也能通过虚拟变量、交互作用、辅助回归、条件函数回归等方式找到隐藏的信息。

2. 基于大数据的数学分析方法

基于大数据的高维问题需要研究降维和分解的方法。探讨压缩大数据的方法，直接对压缩的数据核进行传输、运算和操作。除了常规的统计分析方法（包括高维矩阵、降维方法、变量选择）之外，还需要研究大数据的实时分析、数据流算法（Data Stream Computing，DSC）。

大数据环境下，很多数据集不再具有标识个体的关键字，传统的关系数据库的连接方法不再适用，需要探索如何利用数据库之间的重叠项目来结合不同的数据库；探索如何利用变量间的条件独立性整合多个不同变量集的数据为一个完整变量集的大数据库的方法；探索不必经过整合的多数据库，而直接利用局部数据进行推断和各推断结果传播的方法；探索如何利用统计方法无信息损失地分解和压缩大数据。在多源和多专题的数据库中，各个数据集获取条件不同、项目不同又有所重叠。在这种情况下，一种分析方法是分别利用各个数据集得到各自的统计结论，然后整合来自这些数据集的统计结论（如荟萃分析方法）。曾经提出的"中间变量悖论"就指出统计结论不具备传递性。例如，三个变量 A、B、C，变量 A 对变量 B 有正作用，且变量 B 对变量 C 有正作用，但是变量 A 对变量 C 可能有负作用。为了避免类似"中间变量悖论"现象的发生，可以先整合数据集再利用整合的数据进行分析和推断。

3.2.5　大数据分析的应用软件

大数据分析的主要技术是深度学习、知识计算。

大数据分析工具常用的是 Hadoop。Hadoop 是项目的总称，主要由 HDFS 和 MapReduce 组成。HDFS 是 Google File System（GFS）的开源实现；MapReduce 是 Google MapReduce 的开源实现。Hadoop 由许多元素构成，其最底部是 Hadoop Distributed File System（HDFS），它存储 Hadoop 集群中所有存储节点上的文件。HDFS（对于本文）的上一层是 MapReduce 引擎，该引擎由 JobTrackers 和 TaskTrackers 组成。

Hadoop 是一个由 Apache 基金会所开发的分布式系统基础架构。Hadoop 以分布式文件系统（HDFS）和 MapReduce 等模块为核心，为用户提供细节透明的系统底层分布式基础架构。用户可以利用 Hadoop 轻松地组织计算机资源，搭建自己的分布式计算平台，并且可以充分地利用集群的计算和存储能力，完成海量数据的处理，可以在不了解分布式底层细节的情况下，开发分布式程序。充分利用集群的威力进行高速运算和存储。

低成本、高可靠、高扩展、高有效、高容错等特性让 Hadoop 成为最流行的大数据分析系统，然而其赖以生存的 HDFS 和 MapReduce 组件却让其一度陷入困境——批处理的工作方式让其只适用于离线数据处理，在要求实时性的场景下毫无用武之地。

Hadoop 的核心模块包含 HDFS、MapReduce 和 Common。HDFS 为海量的数据提供了存储。MapReduce 为海量的数据提供了计算。Common 是 Hadoop 体系最底层的一个模块，为 Hadoop 各模块提供基础服务。

Hadoop 实现了一个分布式文件系统 HDFS。HDFS 有高容错性的特点，并且设计用来部署在低廉的硬件上；而且它提供高吞吐量来访问应用程序的数据，适合那些有着超大数据集的应用程序。HDFS 可以以流的形式访问文件系统中的数据。

Hadoop 得以在大数据处理中广泛应用得益于其自身在数据提取、变形和加载上的天然优势。Hadoop 的分布式架构，将大数据处理引擎尽可能地靠近存储，对如 ETL 等的批处理操作相对合适，因为类似这样操作的批处理结果可以直接走向存储。Hadoop 的 MapReduce 功能可实现将单个任务打碎，并将碎片任务发送到多个节点上，之后再以单个数据集的形式加载到数据仓库里。

Hadoop 的最常见用法之一是 Web 搜索。虽然它不是唯一的软件框架应用程序，但作为一个并行数据处理引擎，它的表现非常突出。Hadoop 最有趣的方面之一是 Map and Reduce 流程，它受到 Google 开发的启发。这个流程称为创建索引，它将网络爬虫检索到的文本 Web 页面作为输入，并且将这些页面上的单词的频率报告作为结果。然后可以在整个 Web 搜索过程中使用这个结果从已定义的搜索参数中识别内容。

对外部客户机而言，HDFS 就像一个传统的分级文件系统。可以创建、删除、移动或重命名文件等。但是 HDFS 的架构是基于一组特定的节点构建的（由它自身的特点决定）。这些节点包括 NameNode（仅一个），它在 HDFS 内部提供元数据服务。DataNode 为 HDFS 提供存储块。由于仅存在一个 NameNode，因此这是 HDFS 的一个缺点（单点失败）。

存储在 HDFS 中的文件被分成块，然后将这些块复制到多个计算机中（DataNode）。这与传统的 RAID 架构大不相同。块的大小（通常为 64MB）和复制的块数量在创建文件时由客户机决定。NameNode 可以控制所有文件操作。HDFS 内部的所有通信都基于标准的 TCP/IP 协议。

最简单的 MapReduce 应用程序至少包含 3 个部分：map 函数、reduce 函数和 main 函数。main 函数将作业控制和文件输入/输出结合起来。在这点上，Hadoop 提供了大量的接口和抽象类，从而可为 Hadoop 应用程序开发人员提供许多工具，用于调试和性能度量等。

MapReduce 本身就是用于并行处理大数据集的软件框架。MapReduce 的根源是函数性编程中的 map 和 reduce 函数。它由两个可含有许多实例（许多 map 和 reduce）的操作组成。map 函数接受一组数据并将其转换为一个键/值对列表，输入域中的每个元素对应一个键/值对。reduce 函数接受 map 函数生成的列表，然后根据它们的键（为每个键生成一个键/值对）缩小键/值对列表。

3.2.6　大数据的应用

随着不断跟踪研究大数据，不断提升对大数据的认知和理解，坚持技术创新与应用创新的协同共进，加快经济社会各领域的大数据开发与利用，推动国家、行业、企业对于数据的应用需求和应用水平进入新的阶段。

1. 大数据的应用领域（图 3-15）

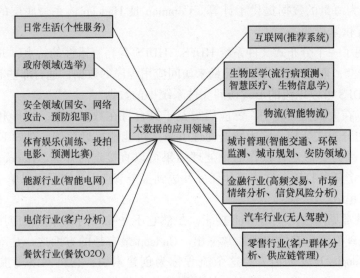

图 3-15　大数据的应用领域

（1）金融领域　大数据所带来的社会变革已经深入人们生活，金融创新离不开大数据。金融业面临众多前所未有的跨界竞争对手，市场格局、业务流程将发生巨大改变。

目前，中国的金融行业数据量已经超过 100TB，非结构化数据迅速增长。分析人士认为，中国金融行业正在步入大数据时代的初级阶段。优秀的数据分析能力是当今金融市场创新的关键，资本管理、交易执行、安全和反欺诈等相关的数据洞察力，成为金融企业运作和发展的核心竞争力。

（2）安防领域　作为信息时代海量数据的来源之一，视频监控产生了巨大的信息数据。物联网在安防领域应用无处不在，特别是近几年随着平安城市、智能交通等行业的快速发展，大集成、大联网、云技术推动安防行业进入大数据时代。安防行业大数据的存在已经被越来越多的人熟知，特别是安防行业海量的非结构化视频数据，以及飞速增长的特征数据，带动了大数据应用的一系列问题。

（3）能源领域　能源大数据理念是将电力、石油、燃气等能源领域数据及人口、地理、气象等其他领域数据进行综合采集、处理、分析与应用的相关技术与思想。能源大数据不仅是大数据技术在能源领域的深入应用，也是能源生产、消费及相关技术革命与大数据理念的深度融合，将加速推进能源产业发展及商业模式创新。

（4）业务领域　大数据也更多地帮助业务流程的优化。物联网和大数据，成为产业新价值，可以通过利用社交媒体数据、网络搜索及天气预报挖掘出有价值的数据，其中大数据应用最广泛的就是供应链以及配送路线的优化。人力资源业务也可通过大数据的分析来进行改进，如人才招聘的优化。

（5）医疗领域　大数据分析应用的计算能力不但能够在几分钟内解码整个 DNA，而且可以制订出最新的治疗方案，还可以更好地去理解和预测疾病。就好像人们戴上智能手表等可以产生的数据一样，大数据同样可以帮助病人对于病情进行更好的治疗。在医疗领域中，大数据目前已经在医院用于监视早产婴儿和患病婴儿的情况，通过记录和分析婴儿的心跳，医生针对婴儿可能会出现的不适症状做出预测。这样可以帮助医生更好地救助婴儿。

（6）电力行业领域 大数据对该行业的应用主要体现在智能电网上。通过获取人们的用电行为信息，大数据分析对智慧城市建设的意义和智能电网是密不可分的。智能电网能够实现优化电的生产、分配及消耗，有利于电网安全检测与控制（包括大灾难预警与处理、供电与电力调度决策支持和更准确的用电量预测）、客户用电行为分析与客户细分、电力企业精细化运营管理等，实现更科学电力需求管理。

以上是互联网大数据的一些应用。工业大数据相对互联网大数据又有不同的特点，其区别见表3-2。

表3-2 工业大数据与互联网大数据的区别

区 别	互联网大数据	工业大数据
数据量需求	大量样本数	尽可能全面的工况样本
数据质量要求	较低	较高，需要进行数据的整理
对数据属性意义的解读	不考虑属性的意义，只分析统计的显著性	强调特征之间的物理关联
分析手段	挖掘样本中各个属性之间的相关性	具有一定逻辑的流水线式数据流分析手段
分析结果准确性要求	较低	较高

2. 大数据技术应用实例

2011年9月上映的电影《点球成金》曾获得美国奥斯卡奖，影片中布拉德·皮特主演的棒球队总经理利用计算机数据分析，对球队进行了翻天覆地的改造，让一家不起眼的小球队获得了巨大的成功。

其中主要有两步：一是基于历史数据利用建模定量分析不同球员的特点，合理搭配，重新组队；二是打破传统思维，通过分析比赛数据，寻找"性价比"最高的球员，运用数据获取成功。

正如电影中所述，大数据的应用实际上已涉及生活中的方方面面，在潜移默化中影响着人们的生活。各行业大数据处理方式及价值见表3-3。

表3-3 各行业大数据处理方式及价值

行 业	大数据处理方式	价 值
制造/高科技	产品故障、失效综合分析 专利记录检索 智能设备全球定位，位置服务	优化产品设计、制造 降低保修成本 加快问题解决
医疗	共享电子病历及医疗记录，帮助快速诊断 穿戴式设备远程医疗	改善诊疗质量 加快诊疗速度
银行/金融	贷款、保险、发卡等多业务数据集成分析、市场评估 新产品风险评估 股票等投资组合趋势分析	增加市场份额 提升客户忠诚度 提高整体收入 降低金融风险

(续)

行　业	数据处理方式	价　值
能源	勘探、钻井等传感器阵列数据集成分析	降低工程事故风险 优化勘探过程
互联网/Web2.0	在线广告投放 商品评分、排名 社交网络自动匹配 搜索结果优化	提升网络用户忠诚度 改善社交网络体验 向目标用户提供有针对性的商品服务
政府/公用事业	智能城市信息网络集成 天气、地理、水电煤等公共数据收集、研究 公共安全信息集中处理、智能分析	更好地对外提供公共服务 舆情分析 准确预判安全威胁
媒体/娱乐	收视率统计、热点信息统计及分析	创造更多联合、交叉销售商机 准确评估广告效应
零售	基于用户位置信息的精确促销 社交网络购买行为分析	促进客户购买热情 顺应客户购买行为习惯

3.3　工业云技术

　　工业云是在云计算模式下对工业企业提供软件服务，可使工业企业的社会资源实现共享化。工业云有望成为我国中小型工业企业进行信息化建设的一个理想选择，因为工业云的出现将大大降低我国制造业信息建设的门槛。工业云是将软件和信息资源存储在"云端"，使用者通过"云端"分享"他人"案例、标准、经验等，还可将自己的成果上传至"云端"，实现信息共享。

　　工业云属于行业云下的一个范畴。行业云通常包括：金融云、政府云、教育云、电信云、医疗云、云制造和工业云。

3.3.1　云技术

　　互联网上的应用服务一直被称为软件即服务（Software as a Service，SaaS）。而数据中心的软硬件设施就是云（Cloud）。云可以是广域网或者某个局域网内硬件、软件、网络等一系列资源统一在一起的一个综合称呼。

　　云技术可以分为：云计算、云存储、云安全等。

　　1）云计算（cloud computing）。云计算概念由 Google 提出，一如其名，这是一个美丽的网络应用模式。云计算包含互联网上的应用服务及在数据中心提供这些服务的软硬件设施（伯克利大学云计算白皮书里面的定义）。云计算是分布式处理（Distributed Computing，DC）、并行处理（Parallel Computing，PC）和网格计算（Grid Computing，GC）的综合运用，是透过网络将庞大的计算处理程序自动分拆成无数个较小的子程序，再交由多部服务器进行计算，并处理后回传用户的计算技术。通过云计算技术，网络服务提供者可以在数秒之内，处理数以千万计甚至亿计的信息，达到和超级计算机同样强大的网络服务能力。

2）云存储。云存储是在云计算概念上延伸和发展出来的一个新的概念。云计算时代，可以抛弃 U 盘等移动设备，只需要连接网络，使用网络服务就可以新建文档，编辑内容，然后直接将文档的 URL 分享给你的朋友或者上司，他可以直接打开浏览器访问 URL。使我们再也不用担心因计算机硬盘的损坏而发生资料丢失事件。

3）云安全。云安全是我国企业创造的概念，在国际云计算领域独树一帜。云安全（Cloud Security）是网络时代信息安全的最新体现，它融合了并行处理、网格计算、未知病毒行为判断等新兴技术和概念；通过网状的大量客户端对网络中软件行为的异常进行监测，获取互联网中木马、恶意程序的最新信息，传送到服务器端进行自动分析和处理，再把病毒和木马的解决方案分发到每一个客户端。未来杀毒软件将无法有效地处理日益增多的恶意程序。来自互联网的主要威胁正在由计算机病毒转向恶意程序及木马，在这样的情况下，采用的特征库判别法显然已经过时。云安全技术应用后，识别和查杀病毒不再仅仅依靠本地硬盘中的病毒库，而是依靠庞大的网络服务，实时进行采集、分析及处理。整个互联网就是一个巨大的"杀毒软件"，参与者越多，每个参与者就越安全，整个互联网就会更安全。

3.3.2 "云"的核心

云计算系统的核心技术是并行计算。并行计算是指同时使用多种计算资源解决计算问题的过程。通过并行计算集群完成数据的处理，再将处理的结果返回给用户。

1）虚拟化技术。虚拟化技术是云计算最重要的关键技术之一。它为云计算服务提供基础架构层面的支撑，是信息和通信服务快速走向云计算的主要驱动力。

我国虚拟化技术的发展路线：第一代为物理设备集中（2000 年）。

第二代为通过动态集中实现资源共享（2005 年）。

第三代为计算负载平衡实现灵活迁移（2007 年）。

第四代为根据服务导向制订策略，实现成本可控的自动控制（2010 年）。

2）分布式数据存储技术。将数据储存在不同的物理设备中，摆脱了硬件设备的现实，同时扩展性更好，能够更加快速、高效地处理海量数据，更好地响应用户需求的变化。

3）大规模数据管理。云计算不仅要保证数据的存储和访问，还要能够对海量数据进行特定的检索和分析。数据管理技术必须能够高效管理大量的数据。经过大数据智能分析后，通过物联网实现实体与虚拟的有机结合。

4）编程模式。云计算旨在通过网络把强大的服务器计算资源方便地分发到终端用户手中，同时保证高效、简捷、快速的用户体验。在这个过程中，编程模式的选择至关重要。

5）信息安全。在云计算体系中，安全涉及很多层面，包括网络安全、服务器安全、软件安全、系统安全等。

6）云计算平台管理。需要具有高效调配大量服务器资源，使其更好协同工作的能力。能够方便地部署和开通新业务、快速发现并且恢复系统故障。通过自动化、智能化手段实现大规模系统可靠运营。

3.3.3 工业云技术

在国家扶持和科技发展的背景下，全国各地上线了诸多工业云平台，它们面向中小企业，目的是提高中小企业信息化水平，实现两化融合。这些云平台着眼于不同领域，推动软件与服务、设计与制造资源、关键技术与标准的开放共享，深化互联网在制造领域的应用，为企业提供各种应用和服务。

物联网技术可以称为工业云技术的身躯，物联网是新一代信息技术的重要组成部分，也是"信息化"时代的重要发展阶段。物联网就是物物相连的互联网。这有两层意思：其一，物联网的核心和基础仍然是互联网，是在互联网基础上的延伸和扩展的网络；其二，其用户端延伸和扩展到了任何物品与物品之间，进行信息交换和通信，也就是物物相息。物联网的开展步骤主要如下：

1）对物体属性进行标识，属性包括静态和动态的属性。静态属性可以直接存储在标签中，动态属性需要先由传感器实时探测。

2）需要识别设备完成对物体属性的读取，并将信息转换为适合网络传输的数据格式。

3）将物体的信息通过网络传输到信息处理中心，由信息处理中心完成物体通信的相关计算。

3.3.4　工业云的需求与发展

企业的发展要靠技术创新，特别是数字化制造技术的普及，对传统企业的生产方式造成了巨大的冲击。对我国中小企业而言，在数字化制造技术的应用上仍存在壁垒：主流的工业软件90%以上依靠引进，且价格昂贵；工业软件的运行也需要部署大量高性能计算设备；另外，企业搭建标准系统环境，需要配备专业技术人员，投入高昂的运维成本。数字化制造技术只有大型或超大型企业才能够用得起，占我国90%以上的广大中小型企业则与其无缘。

"工业云服务平台"正是要帮助中小企业解决上述问题，利用云计算技术，为中小企业提供高端工业软件。企业按照实际使用资源付费，极大程度地降低了技术创新的成本，加快了产品上市时间，提高了生产效率。

制造业服务化就是制造企业为了获取竞争优势，将价值链由以制造为中心向以服务为中心转变。工业云制造服务化是在工业云的需求发展下控制服务为中心的价值链。

1. 服务化转型的提出

以 OECD（经济合作与发展组织）中 9 个国家的投入产出为样本数据，通过计算依赖度，来考察制造业服务投入的变化规律。研究结果表明，自 20 世纪 70 年代以来，9 个 OECD 成员国制造业对服务业的依赖度基本上呈上升倾向，制造业中间投入出现服务化趋势，并且这种趋势很大程度上是由于制造业对生产服务业依赖度的大幅上升所致。

制造业的投入服务化趋势是经济社会发展的必然结果。在人类生产发展的低级阶段，制造业生产活动主要依靠能源、原材料等生产要素的投入。随着社会的发展及科技的进步，服务要素在生产中的地位越来越重要，生产中所需的服务资源有逐步增长的趋势。例如，第二次世界大战后，各国日益重视科技进步的作用，而科技的运用大多是通过研发设计、管理咨询等生产服务实现的；随着可持续发展理念的出现，各国逐渐意识到传统的以牺牲环境为代价、大量消耗自然资源的做法不可取，因而日益注重生产服务的投入。

当今世界，生产的信息化、社会化、专业化的趋势不断增强。生产向信息化发展将使与信息的产生、传递和处理有关的服务型生产资料的需求增长速度有可能超过实物生产资料。

而生产的社会化、专业化分工和协作，必然使企业内外经济联系大大加强，从原料、能源、半成品到成品，从研究开发、协调生产进度、产品销售到售后服务、信息反馈，越来越多的企业在生产上存在着纵向和横向联系，其相互依赖程度日益加深。这就会导致对商业、金融、银行、保险、海运、空运、陆运，以及广告、咨询、情报、检验、设备租赁维修等服务型生产资料的需求量迅速上升。这意味着，服务要素成为制造业企业越来越重要的生产要素。

2. 从制造到服务的转型

随着信息技术的发展和企业对"顾客满意"重要性认识的加深，世界上越来越多的制造业企业不再仅仅关注实物产品的生产，而是涉及实物产品的整个生命周期，包括市场调查、实物产品开发或改进、生产制造、销售、售后服务、实物产品的报废、解体或回收。服务环节在制造业价值链中的作用越来越大，许多传统的制造业企业甚至专注于战略管理、研究开发、市场营销等活动，放弃或者外包制造活动。制造业企业正在转变为某种意义上的服务企业，产出服务化成为当今世界制造业的发展趋势之一。

IBM长期以来一直定位为"硬件制造商"。但是进入20世纪90年代，IBM陷入了前所未有的困境，公司濒临破产。后经努力，IBM成功地由制造业企业转型为信息技术和业务解决方案公司。其全球企业咨询服务部在160多个国家拥有专业的咨询顾问，是世界上最大的咨询服务组织。2006年，IBM的硬件收入仅占全部收入的24.61%，其余收入均来自于全球服务、软件和全球金融服务。GE是世界最大的电器和电子设备制造公司，它除了生产消费电器、工业电器设备外，还是一个巨大的军火承包商，制造宇宙航空仪表、喷气飞机导航系统、多弹头弹道导弹系统、雷达系统等。但是，GE的收入却有一半以上来自于服务，2006年服务收入占总收入的比重为59.1%。目前，GE已经发展成为集商务融资、消费者金融、医疗、工业、基础设施和广播宣传于一体的多元化的科技、媒体和金融服务公司。耐克是一家世界著名的运动鞋企业，然而公司总部除了从事研发设计和市场营销外，其他所有制造环节几乎都外包给加工质量好、加工成本低的鞋厂。通过制造外包，耐克实际上已经成为服务企业。事实上，世界上许多优秀的制造业企业纷纷把自己定位为服务企业，为顾客提供与其实物产品密切相关的服务，甚至是完全的服务产品。

3. 我国对制造能力的需求

中国制造开始于20世纪80年代初，通过融入以西方为中心的经济全球化分工体系，并凭借东南沿海的区域优势，经政府的大力推动，迅速抓住世界特别是东亚产业转移的机会。2010年左右，中国制造达到了一个高度里程碑，从纺织、小家电、机电制品等各个品类全面爆发，也因此诞生了如富士康等一批制造业巨无霸企业。

可以想象的是，未来几年将是我国自有品牌井喷的时间。这是未来我国经济体中最重要的一部分商业力量，其充分利用和挖掘了中国的制造能力，并且具备最新的世界知识，时刻有裂变和爆发的可能，并且极有可能成为世界级公司。2015年国务院正式颁布《中国制造2025》，力争十年内成为世界制造强国。制造业已经成为国家级战略，这就是中国制造成为世界第一的底气。

服务化制造将成为新的大趋势，其不同于传统制造业，而且需要对不同服务业进行整合，制定出服务化制造转型的战略。

3.4　新一代人工智能技术

人工智能（Artificial Intelligence，AI）是研究、开发用于模拟、延伸和扩展人的智能的理论、方法、技术及应用系统的一门新的学科。

人工智能是计算机科学的一个分支，它企图了解智能的实质，并生产出一种新的能以人类智能相似的方式做出反应的智能机器，该领域的研究包括机器人、语言识别、图像识别、自然语言处理和专家系统等。人工智能从诞生以来，理论和技术日益成熟，应用领域也不断扩大，可以设想，未来人工智能带来的科技产品，将会是人类智慧的"容器"。人工智能可以对人的意识、思维的信息过程进行模拟。人工智能不是人的智能，但能像人那样思考、也可能超过人的智能。

人工智能是一个极富挑战性的研究方向，从事这项工作的人必须懂得计算机知识、心理学和哲学。人工智能包括十分广泛的学科，由不同的领域组成，如机器学习、计算机视觉等。总体说来，人工智能研究的一个主要目标是使机器能够胜任一些通常需要人类智能才能完成的复杂工作。

3.4.1　机器学习

机器学习（Machine Learning，ML）是一门多领域交叉学科，涉及概率论、统计学、逼近论、凸分析、算法复杂度理论等多门学科。专门研究计算机怎样模拟或实现人类的学习行为，以获取新的知识或技能，重新组织已有的知识结构使之不断改善自身的性能。

机器学习是人工智能的核心，是使计算机具有智能的根本途径，其应用遍及人工智能的各个领域，它主要使用归纳、综合而不是演绎。

1. 机器学习的定义

学习是人类具有的一种重要智能行为，但究竟什么是学习，长期以来却众说纷纭。社会学家、逻辑学家和心理学家都各有其不同的看法。

例如，Langley（1996）定义的机器学习是"机器学习是人工智能领域的学科，该领域的主要研究对象是人工智能，特别是如何在经验学习中改善具体算法的性能"。

Tom Mitchell 定义的机器学习（1997）对信息论中的一些概念有详细的解释，其中提到"机器学习是对能通过经验自动改进的计算机算法的研究"。

Alpaydin（2004）提出"机器学习是利用数据或以往的经验优化计算机程序的性能的。"

尽管如此，为了便于进行讨论和预测学科的进展，有必要对机器学习给出定义，即使这种定义是不完全的和不充分的。顾名思义，机器学习是研究如何使用机器来模拟人类学习活动的一门学科。稍微严格的提法是：机器学习是一门研究机器获取新知识和新技能，并识别现有知识的学问。这里所说的"机器"，指的就是计算机、电子计算机、中子计算机、光子计算机或神经计算机等。

机器能否像人类一样具有学习能力？1959 年美国的塞缪尔（Samuel）设计了一个下棋程序，这个程序具有学习能力，它可以在不断的对弈中改善自己的棋艺。4 年后，这个程序战胜了设计者本人。又过了 3 年，这个程序战胜了美国一个保持 8 年之久的常胜不败的冠军。这个程序向人们展示了机器学习的能力，提出了许多令人深思的社会问题与哲学问题。

机器的能力是否能超过人的能力，很多持否定意见的人的一个主要论据是：机器是人造的，其性能和动作完全是由设计者规定的，因此无论如何其能力也不会超过设计者本人。这种意见对不具备学习能力的机器来说的确是对的，可是对具备学习能力的机器就值得考虑了，因为这种机器的能力在应用中不断地提高，过一段时间之后，设计者本人也不知它的能力到了何种水平。

机器学习已经有了十分广泛的应用。例如：数据挖掘、计算机视觉、自然语言处理、生物特征识别、搜索引擎、医学诊断、检测信用卡欺诈、证券市场分析、DNA 序列测序、语音和手写识别、战略游戏和机器人运用。

2. 机器学习发展史

机器学习是人工智能研究较为年轻的分支，它的发展过程大体上可分为 3 个阶段。
第一阶段是在 20 世纪 50 年代中叶到 60 年代中叶，属于热烈时期。
第二阶段是在 20 世纪 60 年代中叶至 70 年代中叶，被称为机器学习的冷静时期。
第三阶段是从 20 世纪 70 年代中叶至 80 年代中叶，称为复兴时期。
机器学习的最新阶段始于 1986 年。
机器学习进入新阶段的重要表现在如下方面。

1）机器学习已成为新的热门学科并在高校形成一门课程。它综合应用心理学、生物学、神经生理学以及数学、自动化、计算机科学，形成机器学习理论基础。

2）结合各种学习方法，取长补短的多种形式的集成学习系统研究正在兴起。特别是通过各种方法的耦合可以更好地解决连续性信号处理中知识与技能的获取与求精问题而受到重视。

3）机器学习与人工智能各种基础问题的统一性观点正在形成。例如学习与问题求解结合进行，知识表达便于学习的观点产生了通用智能系统 SOAR 的组块学习。类比学习与问题求解结合的基于案例方法已成为经验学习的重要方向。

4）各种学习方法的应用范围不断扩大，一部分已形成产品。归纳学习的知识获取工具已在诊断分类型专家系统中广泛使用。连接学习在声图文识别中占优势。分析学习已用于设计综合型专家系统。遗传算法与强化学习在工程控制中有较好的应用前景。与符号系统耦合的神经网络连接学习将在企业的智能管理与智能机器人运动规划中发挥作用。

5）与机器学习有关的学术活动空前活跃。国际上除每年一次的机器学习研讨会外，还有计算机学习理论会议及遗传算法会议。

3. 机器学习主要策略

学习是一项复杂的智能活动，学习过程与推理过程是紧密相连的。按照学习中使用推理的多少，机器学习所采用的策略大体上可分为 4 种——机械学习、通过传授学习、类比学习和通过事例学习。学习中所用的推理越多，系统的能力越强。图 3-16 所示为尝试灭火的智能机器人。

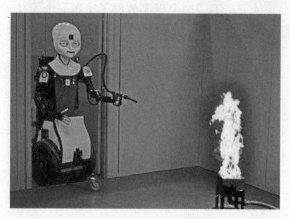

图 3-16　尝试灭火的智能机器人

4. 机器学习系统设计

影响学习系统设计的最重要的因素是环境向系统提供的信息。或者更具体地说是信息的质量。知识库里存放的是指导执行部分动作的一般原则，但环境向学习系统提供的信息却是各种各样的。若信息的质量比较高，与一般原则的差别比较小，则学习部分比较容易处理。若向学习系统提供的是杂乱无章的指导执行具体动作的具体信息，则学习系统需要在获得足够数据之后，删除不必要的细节，进行总结推广，形成指导动作的一般原则，放入知识库，这样学习部分的任务就比较繁重，设计起来也较为困难。

因为学习系统获得的信息往往是不完全的，所以学习系统所进行的推理并不完全是可靠的，它总结出来的规则可能正确，也可能不正确。这要通过执行效果加以检验。正确的规则能使系统的效能提高，应予保留；不正确的规则应予修改或从数据库中删除。

知识库是影响学习系统设计的第二个因素。知识的表示有多种形式，如特征向量、一阶逻辑语句、产生式规则、语义网络和框架等。这些表示方式各有其特点，在选择表示方式时要兼顾以下 4 个方面：

1）表达能力强。

2）易于推理。

3）容易修改知识库。

4）知识表示易于扩展。

对于知识库最后需要说明的一个问题是学习系统不能在全然没有任何知识的情况下凭空获取知识。每一个学习系统都要求具有某些知识理解环境提供的信息，分析比较，做出假设，检验并修改这些假设。因此，更确切地说，学习系统是对现有知识的扩展和改进。

执行部分是整个学习系统的核心，因为执行部分的动作就是学习部分力求改进的动作。同执行部分有关的问题有 3 个：复杂性、反馈和透明性。

5. 学习策略与表示形式及应用分类

（1）基于学习策略的分类 学习策略是指学习过程中系统所采用的推理策略。一个学习系统总是由学习和环境两部分组成的。由环境（如书本或教师）提供信息，学习部分则实现信息转换，用能够理解的形式记忆下来，并从中获取有用的信息。在学习过程中，学生（学习部分）使用的推理越少，他对教师（环境）的依赖就越大，教师的负担也就越重。学习策略的分类标准就是根据学生实现信息转换所需的推理多少和难易程度来分类的，依从简单到复杂，从少到多的次序分为以下六种基本类型：

1）机械学习。学习者无须任何推理或其他的知识转换，直接吸取环境所提供的信息。这类学习系统主要考虑的是如何索引存储的知识并加以利用。系统的学习方法是直接通过事先编好、构造好的程序来学习，学习者不做任何工作，或者是通过直接接收既定的事实和数据进行学习，对输入信息不做任何的推理。

2）示教学习。学生从环境（教师或其他信息源，如教科书等）获取信息，把知识转换成内部可使用的表示形式，并将新的知识和原有知识有机地结合为一体。所以，要求学生有一定程度的推理能力，但环境仍要做大量的工作。教师以某种形式提出和组织知识，以使学生拥有的知识可以不断地增加。这种学习方法和人类社会的学校教学方式相似，学习的任务就是建立一个系统，使它能接受教导和建议，并有效地存储和应用学到的知识。不少专家系统在建立知识库时，使用这种方法去实现知识获取。

3）演绎学习。学生所用的推理形式为演绎推理。推理从公理出发，经过逻辑变换推导出结论。这种推理是"保真"变换和特化的过程，使学生在推理过程中可以获取有用的知识。这种学习方法包含宏操作学习、知识编辑和组块技术。演绎推理的逆过程是归纳推理。

4）类比学习。利用两个不同领域（源域、目标域）中的知识相似性，可以通过类比，从源域的知识（包括相似的特征和其他性质）推导出目标域的相应知识，从而实现学习。类比学习系统可以使一个已有的计算机应用系统自适应于新的领域，完成原先没有设计的，却相类似的任务。

类比学习需要比上述三种学习方式更多的推理。它一般要求先从知识源（源域）中检索出可用的知识，再将其转换成新的形式，用到新的状况（目标域）中去。类比学习在人类科学技术发展史上起着重要作用，许多科学发现就是通过类比得到的。例如著名的卢瑟福类比就是通过将原子结构（目标域）同太阳系（源域）做类比，揭示了原子结构的奥秘。

5）基于解释的学习（Explanation Based Learning，EBL）。学生根据教师提供的目标概念、该概念的一个例子、领域理论及可操作准则，首先构造一个解释来说明为何该例子满足目标概念，然后将解释推广为目标概念的一个满足可操作准则的充分条件。EBL 已被广泛应用于知识库求精和改善系统的性能。

著名的 EBL 系统有 G. DeJong 的 GENESIS，T. Mitchell 的 LEXII 和 LEAP，以及 S. Minton 等的 PRODIGY。

6）归纳学习。归纳学习是由教师或环境提供某概念的一些实例或反例，让学生通过归纳推理得出该概念的一般描述。这种学习的推理工作量远多于示教学习和演绎学习，因为环境并不提供一般性概念描述（如公理）。从某种程度上说，归纳学习的推理量也比类比学习大，因为没有一个类似的概念可以作为"源概念"加以取用。归纳学习是最基本的，发展也较为成熟的学习方法，在人工智能领域中已经得到广泛研究和应用。

（2）基于所获取知识的表示形式分类　学习系统获取的知识可能有：行为规则、物理对象的描述、问题求解策略、各种分类及其他用于任务实现的知识类型。对于学习中获取的知识，主要有以下表示形式。

1）代数式参数。学习的目标是调节一个固定函数形式的代数式参数或系数来达到一个理想的性能。

2）决策树。用决策树来划分物体的类属，树中每一内部节点对应一个物体属性，而每一边对应于这些属性的可选值，树的叶节点则对应于物体的每个基本分类。

3）形式文法。在识别一个特定语言的学习中，通过对该语言的一系列表达式进行归纳，形成该语言的形式文法。

4）产生式规则。产生式规则表示为条件—动作对，已被极为广泛地使用。学习系统中的学习行为主要是：生成、泛化、特化或合成产生式规则。

5）形式逻辑表达式。形式逻辑表达式的基本成分是命题、谓词、变量、约束变量范围的语句，以及嵌入的逻辑表达式。

6）图和网络。有的系统采用图匹配和图转换方案来有效地比较和索引知识。

7）框架和模式。每个框架包含一组槽，用于描述事物（概念和个体）的各个方面。

8）计算机程序和其他的过程编码。获取这种形式的知识，目的在于取得一种能实现特定过程的能力，而不是为了推断该过程的内部结构。

9）神经网络。这主要用在连接学习中。学习所获取的知识，最后归纳为一个神经网络。

10）多种表示形式的组合。有时一个学习系统中获取的知识需要综合应用上述几种知识表示形式。

根据表示的精细程度，可将知识表示形式分为两大类：泛化程度高的粗粒度符号表示和泛化程度低的精粒度亚符号表示。如决策树、形式文法、产生式规则、形式逻辑表达式、框架和模式等属于符号表示类；而代数式参数、图和网络、神经网络等则属亚符号表示类。

（3）按应用领域分类　最主要的应用领域有：专家系统、认知模拟、规划和问题求解、数据挖掘、网络信息服务、图像识别、故障诊断、自然语言理解、机器人和博弈等领域。从机器学习的执行部分所反映的任务类型上看，大部分的应用研究领域基本上集中于以下两个范畴：分类和问题求解。

1）分类任务要求系统依据已知的分类知识对输入的未知模式（该模式的描述）做分析，以确定输入模式的类属。相应的学习目标就是学习用于分类的准则（如分类规则）。

2）问题求解任务要求对于给定的目标状态，寻找一个将当前状态转换为目标状态的动作序列。机器学习在这一领域的研究工作大部分集中于通过学习来获取能提高问题求解效率的知识（如搜索控制知识、启发式知识等）。

6. 机器学习综合分类

综合考虑各种学习方法出现的历史渊源、知识表示、推理策略、结果评估的相似性、研究人员交流的相对集中性及应用领域等因素，可将机器学习方法分为以下六类。

1）经验性归纳学习。经验性归纳学习采用一些数据密集的经验方法（如版本空间法、ID3 法、定律发现方法）对例子进行归纳学习。其例子和学习结果一般都采用属性、谓词、关系等符号表示。它相当于学习策略分类中的归纳学习，但扣除连接学习、遗传算法、加强学习的部分。

2）分析学习。分析学习方法是从一个或少数几个实例出发，运用领域知识进行分析。其主要特征为：①推理策略主要是演绎，而非归纳。②使用过去的问题求解经验（实例）指导新的问题求解，或产生能更有效地运用领域知识的搜索控制规则。③分析学习的目标是改善系统的性能，而不是新的概念描述。分析学习包括应用解释学习、演绎学习、多级结构组块及宏操作学习等技术。

3）类比学习。它相当于学习策略分类中的类比学习。在这一类型的学习中，比较引人注目的研究是通过与过去经历的具体事例做类比来学习，称为基于范例的学习，简称范例学习。

4）遗传算法。遗传算法模拟生物繁殖的突变、交换和达尔文的自然选择（在每一生态环境中适者生存）。它把问题可能的解编码为一个向量，称为个体。向量的每一个元素称为基因，并利用目标函数（相应于自然选择标准）对群体（个体的集合）中的每一个个体进行评价。根据评价值（适应度）对个体进行选择、交换、变异等遗传操作，从而得到新的群体。遗传算法适用于非常复杂和困难的环境，如带有大量噪声和无关数据、事物不断更新、问题目标不能明显和精确地定义，以及通过很长的执行过程才能确定当前行为的价值等环境。同神经网络一样，遗传算法的研究已经发展为人工智能的一个独立分支，其代表人物为 J. H. Holland。

5）连接学习。典型的连接模型实现为人工神经网络，其由称为神经元的一些简单计算单元以及单元间的加权连接组成。

6）增强学习。增强学习的特点是通过与环境的试探性交互来确定和优化动作的选择，以实现所谓的序列决策任务。在这种任务中，学习机制通过选择并执行动作，使系统状态变化，并有可能得到某种强化信号（立即回报），从而实现与环境的交互。强化信号就是对系统行为的一种标量化的奖惩。系统学习的目标是寻找一个合适的动作选择策略，即在任一给定的状态下选择哪种动作的方法，使产生的动作序列可获得某种最优的结果（如累计立即回报最大）。

在综合分类中，经验性归纳学习、遗传算法、连接学习和增强学习均属于归纳学习，其中经验性归纳学习采用符号表示方式，而遗传算法、连接学习和增强学习则采用亚符号表示方式。分析学习属于演绎学习。

实际上，类比策略可看成是归纳和演绎策略的综合，因而最基本的学习策略只有归纳和演绎。

从学习内容的角度看，采用归纳策略的学习由于是对输入进行归纳，所学习的知识显然超过原有系统知识库所能蕴涵的范围，所学结果改变了系统的知识演绎闭包，因而这种类型的学习又可称为知识级学习；而采用演绎策略的学习尽管所学的知识能提高系统的效率，但仍能被原有系统的知识库所包含，即所学的知识未能改变系统的演绎闭包，因而这种类型的学习又被称为符号级学习。

7. 机器学习学习形式分类

1）监督学习。监督学习即在机械学习过程中提供对错指示。一般在数据组中包含最终结果（0，1）。通过算法让机器自我减少误差。这一类学习主要应用于分类和预测。监督学习从给定的训练数据集中学习出一个函数，当新的数据到来时，可以根据这个函数预测结果。监督学习的训练集要求包括输入和输出，也可以说是特征和目标。训练集中的目标是由人标注的。常见的监督学习算法包括回归分析和统计分类。

2）非监督学习。非监督学习又称归纳性学习利用K方式建立中心，通过循环和递减运算来减小误差，达到分类的目的。

8. 机器学习研究领域

机器学习领域的研究工作主要围绕以下三个方面进行：

1）面向任务的研究。研究和分析改进一组预定任务的执行性能的学习系统。

2）认知模型。研究人类学习过程并进行计算机模拟。

3）理论分析。从理论上探索各种可能的学习方法和独立于应用领域的算法。

机器学习是继专家系统之后人工智能应用的又一重要研究领域，也是人工智能和神经计算的核心研究课题之一。现有的计算机系统和人工智能系统没有什么学习能力，至多也只有非常有限的学习能力，因而不能满足科技和生产提出的新要求。对机器学习的讨论和机器学习研究的进展，必将促使人工智能和整个科学技术的进一步发展。

3.4.2 人机交互与HCPS

2017年12月7日，在南京举办的"世界智能制造大会"上，时任中国工程院院长周济院士发表了题为《关于中国智能制造发展战略的思考》的报告，系统阐述了对我国智能制造发展的看法。报告中周济院士提到了一个观点，新一代智能制造技术：人-信息-物理系统（HCPS），即随着智能制造战略的持续推进，传统制造过程中的人与物理系统之间的关系正在由人-物理系统二元体系向人-信息-物理系统三元体系转变。

传统制造主要包含人和物理系统两大部分，人通过对机器的控制实现人与机器之间的交互。机器通过接收人下达的各种指令完成生产工作。同时，人还要接收机器反馈的各种状态信息完成相关的感知、分析决策及学习认知等工作，从而使人机系统形成完整的工作闭环。在传统制造过程中，物理系统主要是用来替代人类从事大量的体力劳动，降低对人的需求，并提升产品质量和生产效率。因此，传统制造系统就是一个人-物理系统。

当前，随着智能制造战略的持续深化应用，周济院士将新一代智能制造系统在第一代和第二代智能制造体系的基础上做了进一步的深化。最本质的特征就是它的信息系统发生重大变化，增加了认知和学习的功能。在上一代的信息系统当中，主要有感知、分析和决策及控制的功能，现在增加了一个新的功能，就是认知和学习功能。这个功能是从人开始赋予信息系统自主学习功能，让信息系统不仅具有强大的感知计算分析和控制能力，更加具备了学习提升和产生知识的能力。

传统制造中"人-物理系统"体系与第一代和第二代智能制造体系的区别由图3-17和图3-18的比较可更加直观看出：智能制造是在人与机器之间架设了一座由信息系统构建的自动化、信息化桥梁。

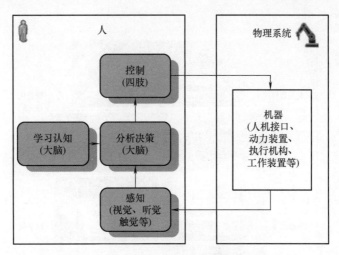

图 3-17 传统制造中"人-物理系统"体系

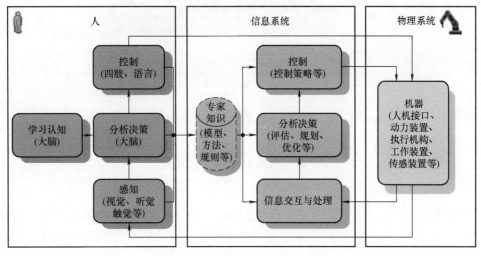

图 3-18 第一代和第二代智能制造体系

    智能制造人工智能的意义在于,一方面将制造业的质量和效率跃升到新的水平,为人民的美好生活奠定更好的物质基础;另一方面,将使人类从更多体力劳动和大量脑力劳动中解放出来,使得人类可以从事更有意义的创造性工作。

    总之,制造业从传统制造向新一代智能制造发展的过程是从原来的"人-物理"二元系统向新一代"人-信息-物理"三元系统进化的过程。新一代"人-信息-物理"系统揭示了智能制造发展的基本原理,能够有效指导新一代智能制造的理论研究和工程实践。

    近几年,智能汽车的快速发展远远超出了人们的预想。汽车经历了燃油汽车→电动汽车(数字化)→网联汽车(网络化)的发展历程,正在朝着无人驾驶汽车(智能化)的方向急速前进(图 3-19)。

    业界专家普遍认为,在新一代智能制造系统中,人将部分学习型的脑力劳动转移给信息系统,让信息系统具有了"认知能力",人和信息系统的关系发生了根本性的变化。在第一代和第二代智能制造体系中,人和信息系统的关系是"授之以鱼",而在新一代智能制造体系当中,人和信息系统的关系变成了"授之以渔"。

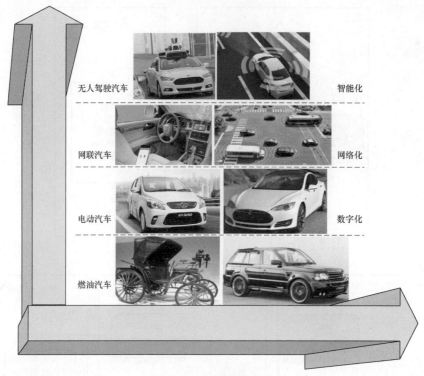

图 3-19　汽车发展历程

3.5　视觉识别技术

从作业方式来看，工业机器人在生产制造中的应用主要为产品的焊接和装配，在物流作业中的应用主要为物料的堆码和搬运。据不完全统计，前者的总数占比为 70% ~ 80%，后者的总数占比为 20% ~ 30%，近年后者的增长速度较前者快。随着物流领域对智能化、自动化要求的进一步提高，工业机器人的应用领域将进一步扩大。在物流系统中的应用也就不仅局限于规范物料的堆码和搬运，而需要处理复杂多变的工艺模式及形态各异的物料品项。例如，在卷烟生产物流作业系统中，工业机器人除了对比较规范的成品件箱进行堆码、搬运作业，还要对木夹板烟包进行剪带、切膜、抓板、去夹板作业，对形状各异的卷烟辅料根据卷接包生产机组的需要进行任意的堆码配盘。

然而，对于多种尺寸不同、形态各异的物料品项及复杂的物料处理工艺，传统的条码识别和 RFID 识别不能满足辨识物料信息与状态信息的要求，这就需要使用视觉识别技术。在机器人系统中集成先进的机器视觉识别技术，就如给机器人配上了一双眼睛，通过图像获取、图像识别、图像定位，并自编程序去适应工作对象，能增加机器人自适应、自学习功能，使之具有更高的智能性，并能完成复杂条件下的物料处理作业，从而进一步提升工业机器人在物流作业系统中的适用性和可靠性。

1. 视觉识别

"机器视觉"，即采用机器代替人眼来做测量和判断，通过 CCD/CMOS 图像摄取装置抓取图像后将图像传送至处理单元，通过数字化处理，根据像素分布和亮度、颜色等信息，来进行尺寸、形状、颜色等的判别，进而根据判别的结果来控制相应设备的动作。伴随计算机技术、现场总线技术的发展，视觉识别技术日臻成熟，已是现代制造业及现代物流业不可或缺的产品，目前已广泛应用于各个行业。

视觉识别主要指在抓取或放置物品时的物品识别，主要由机器视觉及系统软件组成，其配置模式如图 3-20 所示。在接收到传感器发出的物品识别及定位的请求后，系统通过摄像头获取物品图像，再由视觉系统软件将获取的物品图像与预先摄取并存储于图像数据库的物品信息比较，搜寻与获取的物品信息相匹配的存储图像。需识别的物品便是与获取的物品图像相匹配的存储图像所对应的物品，计算并返回系统该物品当前的位置及状态信息，进而上传给机器人控制系统进行相应动作。

机器视觉=眼睛	+	"大脑"
CCD/CMOS工业相机	+	计算机
工业相机	+	计算机+专门的图像处理软件
工业相机	+	图像采集卡+计算机+图像软件
光源+镜头+工业相机	+	图像采集卡+计算机+软件
光源+镜头+工业相机	+	图像采集卡+计算机+软件+I/O

图 3-20 视觉识别系统配置模式

2. 视觉识别应用

工业机器人是机电一体化、信息及人工智能等多学科交叉的自动化装备，主要由本体、驱动系统和控制系统三个基本部分组成。本体包括臂部、臂部和手部等机械结构，驱动系统包括动力装置和传动机构，用以使执行机构产生相应的动作；控制系统是按照输入的程序对驱动系统和执行机构发出指令信号，并进行控制。应用工业机器人的自动作业，不仅可提高产品的质量与产量，还对减轻工人劳动强度，改善劳动条件，降低作业成本等方面有着非常重要的意义。目前，机器人技术及其产品已成为生产制造及物流作业中非常重要的自动化工具，进而是智能化工具；就像计算机技术、网络技术一样，工业机器人的广泛应用正在日益改变着人类的生产和生活方式。图 3-21 所示为工业机器人在物流作业中的一般应用。

图 3-21 工业机器人物流堆码和搬运作业

（1）案例一

1）简介。在卷烟工业生产自动化物流作业过程中，为了保证卷烟品质，卷烟工艺要求不同品牌的生产烟丝中不能混合，所以对存储原料的周转容器的清洁度要求很高，在翻箱倒料后不能在箱底及内侧留下残留物。如果采用人工方式对物料进行检查识别，并进行残留原料的清扫处理，劳动强度会很大，质量不一定能得到保证，而且会影响工人的身体健康。

可采用 Siemens 机器视觉识别系统，配合 ABB 工业机器人进行智能作业，其基本流程为：周转箱输送到站台工位，机器人抓取后旋转，完成翻箱倒料作业，并在机器视觉系统和清扫装置的配合下，完成箱体内侧残留烟丝的清扫工作，完全满足卷烟生产工艺及质量要求。由于抓取箱体的重量超过150kg，长宽高尺寸均大于1m，应用了较大宽度尺寸的机器人夹具，其三维示意图如图3-22所示。机器人可以实现复杂动作的自动化，但难以实现自适应作业的智能化。可以想象，在该案例中，运用视觉识别技术，能自动识别箱体内残留物的随机出现位置及状态，以使机器人能够有效地进行智能作业。

图3-22 视觉识别机器人作业示意图

2）系统配置。机器视觉识别系统主要包括光源、照相机系统、图像处理单元、图像处理组态软件、监视设备、通信单元等，系统配置如图3-23所示。其中，VS Link具备了多种实用的接口，可同时观测多幅图像和结果表，且能通过工业以太网集中监测多个视觉传感器；SIMATIC S7是系统的主控制器，具备以太网和PROFIBUS-DP接口；VS 72x是机器视觉识别系统的主要部件，它通过以太网与系统其他部件进行通信。

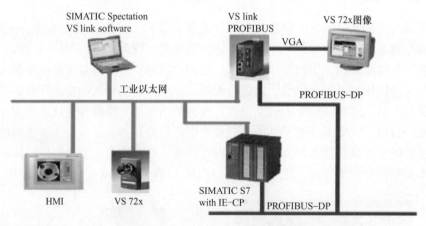

图3-23 视觉识别系统配置示意图

3）识别功能。通过软件组态，机器视觉识别系统提供了以下五种功能。

① 灰度识别。使用灰度测试的软传感器对灰色范围分布做测定。

② 颜色分析。颜色照相功能可以将不同颜色的物体分割、分配和预处理。

③ 斑点分析。通过对几何图形的分析，实现对斑点的查找、计数和跟踪功能。

④ 代码读取。在各种窗口中读取一维或二维代码进行翻译。

⑤ 测量工具。可用于测量距离和角度。

由于原料为深黄色，而且比较吸光，因此使用了机器视觉识别系统中的灰度识别功能对残留原料进行识别。经过认真组态，系统对具有残留原料的箱体能够做出正确的评判（报告结果分为三种状态：正常、报警和失败），完成监测和操作任务，识别准确率及机器人作业成效均达到了卷烟生产的工艺及质量要求。

（2）案例二 视觉识别系统 AGV 是利用视觉传感器获取 AGV 前方/下方路面环境信息，经过控制系统的识别和解析，生成控制指令，从而使 AGV 小车沿规定的路线行驶。视觉识别系统主要由图像信号采集装置、图像信号处理装置、图像识别及运动控制单元等组成。其中图像采集装置由数字摄像头完成，图像识别和运动控制由主控板上的 MCU 完成，运动执行器为 AGV 车体上的差速驱动伺服电动机。车体系统还包括红外/激光安全传感器，电动机测速旋转编码器等元件。视觉识别系统组成如图 3-24 所示，数字摄像头信号通过图像采集卡直接送入主控板，安全传感器、电动机驱动控制器和辅助照明直接与主控板连接，电动机由驱动器驱动，编码器与电动机主轴之间由联轴器连接，编码器反馈信号送入驱动器。

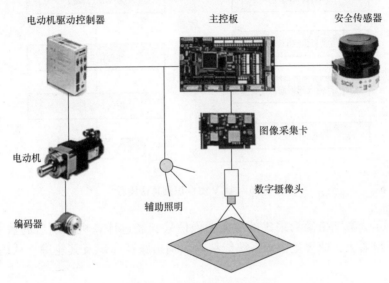

图 3-24　视觉识别系统组成

　　视觉识别导航控制流程如图 3-25 所示。首先数字摄像头采集地面的路标图像，形成彩色空间的数字图像信号，再由图像采集卡进行预处理，形成计算机可识别的二值图像；之后送入主控系统进行路径识别，系统由此确定 AGV 当前的位置等信息；系统将当前位置与 AGV 目标位置进行比较，从而生成运动控制指令，并送入行走机构的驱动系统；经过驱动器解析后，生成驱动信号并驱动行走系统驱动电动机，实现 AGV 的导航控制。

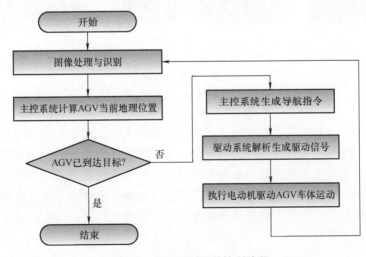

图 3-25　视觉识别导航控制流程

AGV 图像识别算法流程如图 3-26 所示，视觉的原始输入图像经数字摄像头采集，形成特定空间中的图像原始信号，并通过数据总线传输到数字图像处理器中。除去图像信号中的噪点，采用自适应阈值滤波方法，以得到路径识别结果。

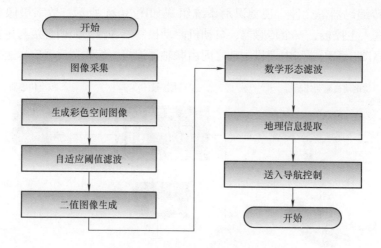

图 3-26　AGV 图像识别算法流程

图 3-27 所示为数字摄像头采集的原始图像信号和经过计算机识别后的数字图像信号。从图 3-27 中可以看出，此视觉识别系统能精确识别出路径标识及其轮廓，从而用于车辆的精确控制。

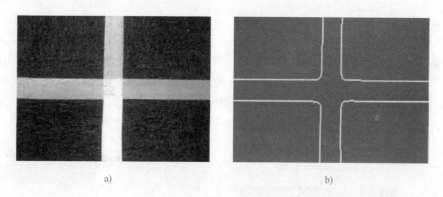

图 3-27　图像处理对比

a）原始图像　b）处理后图像

在手机制造等行业中，产品的装配工艺需要大量的人工。由于人力成本的提升及对劳动条件改善的需求，用机器人代替人工进行枯燥的装配工作成为当前的发展趋势。手机装配的工位点数较多，如果每个工位配置一台装配机器人，设备一次性投入的数量会非常大，关节机器人与 AGV 平台结合解决了这一问题。图 3-28 所示是一台搭建了关节机器人的视觉导航 AGV，可以完全代替人工作业，完成生产装配工作，使得工厂人工与生产成本大幅下降，同时产品品质得到稳定提升。

图 3-28 智能制造产线

思考题

1. 总结阐述 CPS 的 3C 核心元素。

2. 总结 CPS 的 5 层技术构架的核心、关键、相关技术。

3. 简述大数据的数据管理方式。

4. 列举身边的三个大数据应用，并找出一种无效大数据。

5. 分别列举三项云应用与非云应用。

6. 工业云计算需求和资源需求分别指什么？

7. 简述如何将机器学习应用在新一代人工智能上。

8. 以多轴联动数控机床为执行机构，构建一套具有云服务的智能制造系统并画出设计框图。

9. 什么是视觉识别技术？简述其基本概念和目的。

10. 机器视觉系统一般由哪几部分组成？详细论述。

11. 机器视觉技术在很多领域已得到广泛应用。请给出机器视觉应用的三个实例并叙述。

"两弹一星"功勋科学家：
王希季

第4章

智能制造生产管理

4.1 MES

1. MES 系统的概念

MES 的全称是制造执行系统（Manufacturing Execution System）。通常对 MES 的定义为："MES 是一些能够完成车间生产活动管理及优化的硬件和软件的集合，这些活动覆盖从订单发放到出产成品的全过程。它通过维护和利用实时准确的制造信息来指导、传授、响应并报告车间发生的各项活动，同时向企业决策支持过程提供有关生产活动的任务评价信息"。

制造执行系统是美国 AMR 公司（Advanced Manufacturing Research, Inc.）在 90 年代初提出的，旨在通过执行系统将车间作业现场控制系统联系起来。这里的现场控制包括 PLC、数据采集器、条码、各种计量及检测仪器、机械手等。MES 系统设置了必要的接口，与提供生产现场控制设施的厂商建立合作关系。

2. MES 系统需求

MES 利用了信息化的手法对制造业现场进行有序的管理。MES 系统的需求不仅来自于企业本身的竞争压力，还来自于客户、执行管理、内部管理等方面的需求。

（1）执行管理方面

1）企业的管理层能及时了解管理生产现场的运行状况，清楚地了解产品产出的时间，有安排、有计划地生产货物，以提高交货的准确度。

2）对于质量有问题的产品可及时下架，让合作商没有机会收到劣质产品。

3）避免了制造现场报表延误、错误，导致不能及时地解决问题，造成不必要的损失。

4）使企业内部现场制造层与管理层信息互通，提高企业的核心竞争力。

（2）竞争方面 各行各业都面临着激烈的竞争，对于制造业，巨大的竞争压力就要求企业拥有高质量和低成本的市场竞争优势。随着制造规模的扩大，起初的人工统计数据将会赶不上市场竞争的需求，MES 系统可以更快捷、更准确地对材料的利用率和产品的质量问题做出有效的统计、管理，从而提高市场竞争力。

（3）客户方面 客户可以通过 MES 系统对产品的生产过程进行监视，了解整个产品的生产流程、用料的多少、生产进度等情况。这样可以提高客户对企业的可信度，有利于促进合作。企业也可以从中准确地预测产品的出货期，保证产品的出货期，生产过程中的透明度提高了产品对客户的满意度。

（4）企业内部管理方面

1）将制度变动的内容及时、准确地通知相关的员工。

2）通过沟通平台搜集意见，协助管理者对企业的管理进行调整。

3）建立员工的奖惩机制，调动员工的工作积极性。

4）改善内部对员工的管理，最大程度的调动员工的工作热情。

（5）质量的管理 通过管理提高产品质量，避免违规操作或违规生产。

3. MES 模型建立

生产车间 MES 系统符合 ARM 三层模型标准，ARM 把 MES 定义在位于管理层和控制层之间的一层（图 4-1），是企业经营战略到具体实施的一道桥梁。它针对车间生产制造与管理脱节、生产过程控制与管理信息不及时等现状，集成了企业管理、车间生产调度、库存管理、工艺管理、质量管理、过程控制等相互独立的系统，使这些系统之间的数据实现完全共享，解决了信息孤岛状态下的企业生产信息数据重复和数据矛盾的问题。

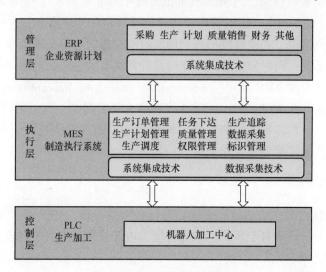

图 4-1　MES 系统三层模型

车间 MES 系统的主要模块包括：系统设置、计划管理、过程管理、用户权限管理、过程监控管理、质量管理、产品追踪、统计报表、参数表查询等。图 4-2 所示为 MES 系统功能模块。

4. 整体框架

MES 系统整体框架如图 4-3 所示。主要包括：服务器、机器人、加工设备、检测设备等。

5. 关键集成技术

集成技术分为软件系统集成技术和硬件系统集成技术。

（1）软件系统集成技术

1）接口技术。目前，软件系统集成技术主要包括 RFC 接口技术、BC 接口技术、BAPI 接口技术和 ALE－IDoc 接口技术。

2）MES 和 EPR 集成的模块接口信息及操作接口的实现。实现 MES 系统和 ERP 系统集成的模块基本信息，主要包括：物料主数据下传、生产订单下传、销售订单下传、外向交货单下传、CNC 特性下传、维修服务订单下传、MES 修改服务订单报工上传、MES 修改生产订单技术关闭上传、MES 修改维修服务订单上传、MES 写入管理软件系统设备物料清单上传、MES 写入管理软件系统中间表上传。

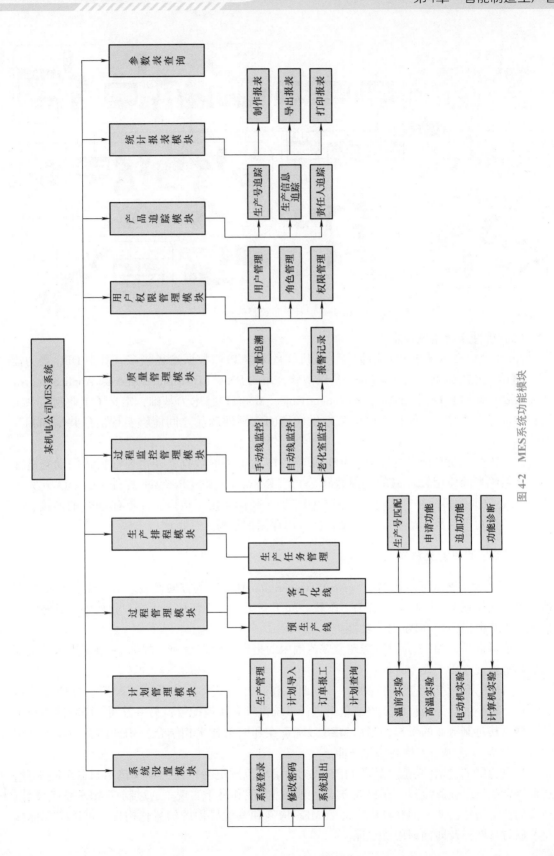

图4-2 MES系统功能模块

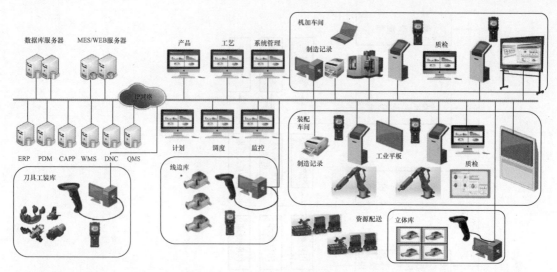

图 4-3　MES 系统整体框架

（2）硬件系统集成技术

1）上位机软件采集 PLC 数据。上位机软件采集 PLC 数据途径较多。其中 OPC 最为流行，OPC（OLE for Process Control）是以微软公司的 DNA（Distributed Internet Application Architecture）架构和 OLE/COM（Component Object Model）技术为基础，定义了工业制造系统过程中的标准化接口，使得不同的工控供应商的软硬件产品之间能够实现信息共享和相互操作。

2）MES 和 OPC 服务的集成。MES 采集程序为了读取数据，还需要数据访问动态链接库，此系统当前应用较普遍的是凯普华公司（Kepware）的 ClientAce 控件。ClientAce 完全兼容 OPC 数据访问标准，从内部实现了 OPC 数据访问自定义接口，并带有 OPC 的连接、断开和标签读写等函数，最后获取的结果将调用存储过程写入数据库。

6. MES 的目的及意义

MES 系统正朝着下一代 MES（Next - Generation MES）的方向发展。下一代 MES 的主要特点是：建立在 ISA95 标准上、易于配置、易于变更、易于使用、无客户化代码、良好的可集成性以及提供门户（Portal）功能等。

主要目标是以 MES 为引擎实现全球范围内的生产协同。目前，国际上 MES 技术的主要发展趋势体现在以下几个方面：

1）MES 新型体系结构的发展。一方面，具有开放式、客户化、可配置、可伸缩等特性，可针对企业业务流程的变更或重组进行系统重构和快速配置；另一方面，随着网络技术的发展及其对制造业的影响。当前 MES 系统正在和网络技术相结合，MES 的新型体系结构大多基于 Web 技术、支持网络化功能。

2）更强的集成化功能。新型 MES 系统的集成范围更为广泛，不仅包括制造车间本身，还覆盖企业整个业务流程。在集成方式上更快捷方便和易于实现。通过制订 MES 系统设计、开发的技术指标，使不同软件供应商的 MES 构件和其他异构的信息化构件，可以实现标准化互联与互操作及即插即用等功能。

3）更强的实时性和智能化。新一代的 MES 应具有更精确的过程状态跟踪和更完整的数据记录功能，可实时获取更多的数据，来更准确、更及时、更方便地进行生产过程管理与控制，并具有多源信息的融合及复杂信息处理与快速决策能力。有学者曾提出了智能化第二代 MES 解决方案（MESⅡ），它的核心目标是通过更精确的过程状态跟踪和更完整的数据记录，以获取更多的数据来更方便地进行生产管理。并通过分布在设备中的智能终端来保证车间生产的自动化，如日本研发的计算机辅助生产管理系统（CAPS），可通过互联网和通信终端进行远程实时数据采集、监控与生产管理。

4）支持网络化协同制造。支持网络化协同的制造执行系统（Collaborative Manufacturing Execution Systems，CMES）的特征是将原来 MES 的运行与改善企业运作效率的功能和增强 MES 与在价值链和企业中其他系统和人的集成能力结合起来，使制造业的各部分敏捷化和智能化。由此可见，下一代 MES 的一个显著特点是支持生产同步性，支持网络化协同制造。它可以对分布在不同地点甚至全球范围内的工厂进行实时化信息互联，并以 MES 为引擎进行实时过程管理，以协同企业所有的生产活动，建立过程化、敏捷化和级别化的管理，使企业生产经营达到同步化。

5）MES 标准化（ISA-95）。1997 年国际仪表学会（ISA）启动了 ISA-95 企业控制系统集成标准的编制。ISA-95 的目的是建立企业级和制造级信息系统之间的集成规范。ISA 于 2000 年发布了 SP95.01 模型与术语标准，规定了生产过程涉及的所有资源信息及其数据结构和表达信息关联的方法；2001 年发布了 SP95.02 对象模型属性标准，对第一部分定义的内容做了详细规定和解释，SP95.01 和 SP95.02 已经被 IEC/ISO 接受为国际标准；2002 年发布了 SP95.03 制造信息活动模型标准，提出了管理层与制造层间信息交换的协议和格式；2003 年发布了 SP95.04 制造操作对象模型标准，定义了支持第三部分中制造运作管理活动的相关对象模型及其属性；正在制定的 SP95.05 详细说明了 B2M（Business To Manufacturing）事务；未来的工作是 SP95.06，SP95.06 详细说明了制造运作管理的事务。ISA-95 标准的应用范围如图 4-4 所示。

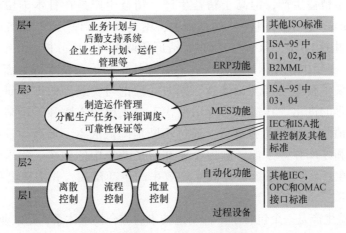

图 4-4　ISA-95 标准的应用范围

MES 的标准化进程是推动 MES 发展的强大动力，国际上 MES 主流供应商纷纷采用 ISA-95 标准，如 ABB、SAP、GE、Rockwell、Honeywell、Siemens 等。

4.2 精益管理

4.2.1 精益管理含义

1. 精益管理的起源与发展

精益管理一词来源于外界对日本丰田汽车公司 20 世纪 60 年代以来优秀管理模式的描述。起初人们用"准时化的 JIT 生产"来总结该公司在生产管理方面的特殊优点，后来欧美的企业管理研究人员又将这种生产管理模式称为"LeanProduction"，译成中文就称为精益生产。随着各国学者在此方面的研究深入和企业实践的发展，人们将精益思想从精益生产中提炼出来，并将其突破原来仅仅涉及的生产领域，逐步扩大到企业其他职能管理当中去，形成了不少以精益思想为基础的通用精益管理理论要点。

2. 精益管理的含义

精益管理是一系列有效的综合管理活动。它包括受精益思想、精益意识支配的人事组织管理、现场管理、流程管理与结果控制管理等活动。首先，精益管理的本质特点是精益思想贯穿始终。精益思想是与企业价值流密切相关的思维体系。其次，精益管理的起点并不是总像目前流行的认识那样为了改善企业管理，而应该是从企业管理实践未开始之前，就按照精益思想来设计企业流程和运作，当然也需要在过程中的持续改善。精益管理的定义：精益管理是企业树立持续追求高效及最大价值流的思想与意识，并自始至终优化人事组织、运作流程、现场状态、结果控制的一系列管理活动。

精益管理源于精益生产，但高于精益生产。精益生产是在日本丰田汽车公司生产方式（Toyota Production System，TPS）的基础上，由美国麻省理工学院的 53 名专家们历时 5 年时间通过对全世界 17 个国家 90 个汽车制造厂的调查和对比分析，总结提炼，最终形成的。在随后的 20 多年中，各国专家从文化、管理技术和信息技术等方面对丰田生产方式进行了补充，拓展了精益生产理论体系。同时，理论与实践界的许多研究者将精益生产视为现代工业工程的进化。其核心是应用现代工业工程的方法和手段来有效配置和使用资源，从而彻底消除无效劳动和浪费，通过不断地降低成本、提高质量、增强生产灵活性、实现无废品和零库存等手段，确保企业在市场竞争中的优势。我国专家根据丰田的生产方式将精益生产定义为系统的提高生产效率的生产模式，并构建出精益"丰田屋"，如图 4-5 所示。

同时指出精益生产是一个包含了多种制造技术的综合技术体系，是工业工程技术在企业中的具体应用，并提出了精益生产的技术体系，如图 4-6 所示。

综上，精益生产是一种以工业工程技术为核心的，以消除浪费为目标，围绕生产过程进行提升的一种管理形式。随着时代的发展，这种管理形式也在不断演化，由最初的只关注制造环节逐渐开始关注职能管理环节；由最初的只在汽车制造业中的应用逐渐开始在其他行

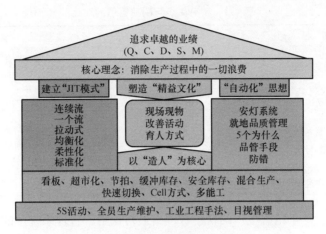

图 4-5　丰田屋

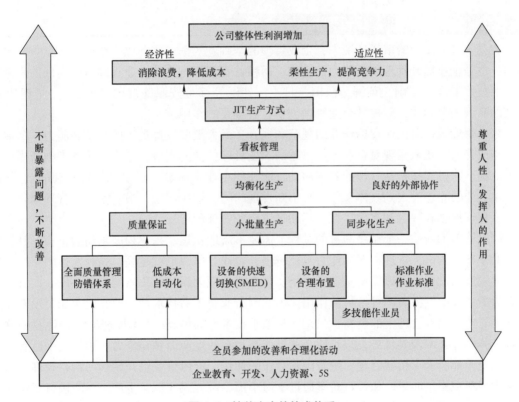

图 4-6　精益生产的技术体系

业、其他领域中广泛应用；其核心也由以准时生产为中心的精益生产转变为以提升管理效率为中心的精益管理。

精益管理是以人为本、以团队为组织细胞，按照顾客要求进行产品开发，确定产品价值的快速满足用户多样性、个性化需求的一种管理方式。由此可见，在精益生产基础上发展起来的精益管理，比精益生产在应用领域、实现目标、应用方式、关注范围等方面更具有适应性。精益生产与精益管理的对比见表 4-1。

表 4-1 精益生产与精益管理的对比

项　　目	精　益　生　产	精　益　管　理
应用领域方面	企业内部	面向环境、面向客户、面向服务、面向投资、面向供应链的企业内部和外部结合
实现目标方面	消除生产过程中的浪费	消除管理浪费，提升管理效率，创造更好的质量、更快的灵活度
应用方式方面	强调一线员工要形成团队，参与改善	强调激发从高层管理者到一线员工，从职能人员到辅助人员的工作热情。在持续改进过程中，挖掘和发挥全体员工而不仅是专业队伍的创造性
关注范围方面	生产过程	整个业务处理过程

由表 4-1 可知，源于精益生产的精益管理由最初在生产管理系统中的成功实践，不断上升到企业经营和战略管理层面，成为指导企业经营管理的理念、思想及模式。

4.2.2　精益管理对企业管理的重要作用

在竞争日益激烈的市场环境中，企业管理的基础、效率和成本成为企业参与竞争的最大资本，也是企业提升管理创新能力的基础，而精益管理正是支持企业管理目标实现的哲理和重要的技术手段（美国、英国、法国、日本、韩国等都是按照此规律发展的），是现代 IE 发展的高级表现形式，对提升企业管理创新有着重要的作用。

精益管理通过对企业现场作业的规范和提升，最大限度发挥员工的智慧和能力，塑造全员参与改善的文化来实现对企业追求卓越的求变管理目标的支持，也为企业管理创新提供了基本前提。通过实施精益管理的各项活动，能够使企业全体员工意识到精益管理的重要性，并以主人公的心态投入到具体工作中，不断发现问题、解决问题，最后使精益管理固化为企业的一种管理创新理念和文化，持续不断推进企业管理创新。

同时管理创新是一个循序渐进的过程，需要不断地积累。积累程度越高的企业，其管理创新的基础就越好，管理创新的能力也就越强，企业竞争力也就越高。纵观发达国家的制造业企业发展的过程，可以发现精益管理是实现企业管理创新基础积累的重要手段，在管理创新积累的过程中发挥着不可替代的作用。虽然制造业属于高技术性产业，但是如果没有精益生产的支持，没有管理上的创新，只是一味追求技术上的创新，"木桶理论"告诉我们这样很难充分发挥技术领先优势，很难使企业形成高水平的生产力和竞争力。国外几乎所有的制造业大企业都引入了精益管理。随着国际合作的加快，国内企业也开始学习精益管理，为企业管理创新积累正能量。如一汽轿车通过学习丰田生产方式和精益生产，不断进行企业管理创新基础的积累，最终经过十几年的发展创造出红旗生产管理方式。

精益管理不只是一种工作方法，更是一种管理思想体系，对提升企业管理创新能力具有重要作用，其主要体现在：

1）精益管理要求企业在生产现场、人员组织、系统结构、运行方式等方面进行不断规范、改善和提升，这种规范、改善和提升使整个企业得到系统优化，在优化过程中所采用的精益工具和方法实际上就是企业管理方法的创新；所制定作业标准和所形成的制度体系实际就是企业管理制度的创新；优化后的人员组织实际就是企业管理组织的创新；所采用的"拉动式生产方式"在减少库存的基础上，着眼于市场，根据客户的需求来制订生产计划，从而更好地为顾客服务，实现了市场的创新，所形成的新的商业模式实际就是商业模式的创新；经过长期的实践所固化下的"精益求精、以人为本"等精益生产和精益文化理念，实际就是企业管理理念和管理文化的创新。

2）管理学中有句名言"你想推什么，就要考核什么"，精益管理也不例外，其有效实施也需要一个有效的考核体系，精益管理要求绩效考核指标必须直接或间接承接企业整体目标与愿景，绩效考核应该更加注重对于团队的考核而非仅着眼于个人，对精益管理实施情况的考核与创新绩效管理的目标相一致，实际也属于创新绩效考核的范畴。

4.2.3 精益管理实施可行性分析

1. 企业外部环境

精益生产从起源到发展，经过无数学者及企业的不断试验与应用已经相当成熟，形成了一套完整的思想及管理体系，能够实际运用于实践当中。从实践上来说，作为目前全球较先进的管理理念，精益管理在世界的很多国家的大型企业都进行了应用并取得很好的效果，如电子设备制造类的三星、苹果等知名企业以及航空航天、船舶制造类的大型制造企业都遵循精益管理理念对企业推行优化方案。

2. 企业内部环境

从企业内部环境和实践经验结合来看，企业实施精益生产的管理改善需要有一定的基础准备，如企业文化、人员素质、培训体系、企业目标等。不过在企业实施精益生产时仍旧会存在各种各样的问题和风险，这些问题都会成为企业实施精益管理路上的绊脚石，如以下几点。

1）隔行如隔山，每个企业都有自己独特的文化思想，精益管理必须根据企业的不同而灵活改变，所以在推行精益管理时一定会出现很多意想不到的困难，给管理者制造难题，使企业陷入困境或者失去信心，项目也会因此无法继续。

2）员工的文化水平工作能力参差不齐，尤其是一些基层操作工，能力素质不太高，对于新理念的接受程度比较低，影响整个团队改善的主动性和积极性，使得项目改善的战线不断拉长。

3）改善是一个缓慢且循序渐进的过程，在前期的工作中基本都是投入付出，短期内对于企业的利润来说，不会产生太明显的优化效果，导致没有足够的成就感，从而影响工作的积极性，或者转变思路改变原有的计划，出现一些战略上的失误。

虽然运用精益生产对企业进行管理有较高的可行性。但在应用实践的过程中，应在充分掌握企业的自身现状的情况下，重新整合企业有限的人力物力资源，将精益思想融会贯通，与企业充分结合，通过持续的实践优化，寻找出一套本土化的精益管理模式，将精益生产彻底的融入企业中。

4.2.4 精益管理优化目标

1. 总体目标

实施精益生产的目标即帮助企业实现零缺陷、零故障、零浪费、高效率、优质量生产管理效果。虽然在实际运营中，要实现这样的目标不可能，但高效率以及优质量不仅是每个企业所追求的目标，更是其最核心的竞争力。所以，需要以近乎完美的要求为目标，运用先进的生产管理技术，逐步推动企业进行循序渐进的自我完善，最终实现生产效率提高、产品质量提升的管理效果，进而赢得更高的顾客满意度，在市场竞争过程中占得一席之地。

2. 组织管理优化过程

（1）建立精益小组　精益小组是确保精益生产活动顺利进行的领导核心，在精益生产理念的指导下，为快速有效推进项目，充分调动员工积极性，培养优秀的管理改善团队，成立精益管理小组，严格按照计划推行精益生产，积极主动，认真负责地监管执行，使精益任务能顺利地上传下达及反馈，做到信息畅通，以便及时处理问题或调整方案，方便精益生产各个环节活动的开展，确保精益优化活动按部就班的顺利进行。

首先结合车间管理机构，挑选确立精益小组成员。其次规定精益小组职责并对小组成员进行培训。

（2）班组建设　班组是企业生产活动中最基础的一级管理组织，是企业组织生产经营活动的基本单位，是企业工作的立足点。全面加强班组建设，实现班组建设的科学化、制度化、规范化，是精益生产管理活动实施的基本要求。班组建设的基本要求：细化并确定班组成员的岗位职责、权限和任务，班组成员应人人熟知本岗位职责内容；保证各岗位工作职责之间没有重叠和断点，并且每项工作都能找到明确的责任人；岗位职责与分工既要体现出各自独立、彼此有分工，又要体现出相互协作与支撑；班组的岗位设置与职责分工要体现流程的顺畅。

根据班组建设的相关要求，结合车间现状，将员工合理的分组，制订班组成员的分工职责，并以班组为单位进行培训学习，通过举行培训或比赛等活动，组织成员以更有效的方式去学习企业规章制度、专业知识、工作技能、安全知识等。通过班组内成员之间的相关监督评比，形成一种良性竞争，极大程度地带动员工的积极性、创造性，提高班组成员的生产工作技能与综合素质，导入精益生产理念及精益生产工具的使用方法，并适当安排作业及评比活动，使员工之间形成一种良性竞争。

精益管理的基础是企业实施精益管理首先必须具备的前提，包括精益思想和精益意识两个方面，没有正确的精益思想为指导、没有良好的精益意识为支撑，企业精益管理就会偏离优化的方向，丧失前进的动力。精益管理的基础是企业实施精益管理首先必须具备的前提，包括精益思想和精益意识两个方面。精益思想体现为企业反对一切形式的浪费、波动与僵化，持续追求高效、最大化的价值流的思维体系。浪费是指会增加成本，却无法增加价值的一切活动，它包括七种类型：过度生产、等候、运送、过度加工、库存、动作、返工。波动是指任何偏离标准状态的情况，会对交货时间和质量造成损害。例如由于员工技能差、流程中有难以控制的因素等造成。僵化是指导致企业无法满足顾客变化的需求，而且不需要发生额外成本就能克服的一切障碍。例如由于换模转产时间长、顾客第一的意识差等引起。价值流是企业产品从原材料到成品的清晰加工线路，以及产品从企业送达客户手中的传输过程，它是企业为客户创造和实现产品的价值增值的流动过程。像有条山泉从山丘上流下来，而山谷底下有一群口渴的人。这条山泉和企业流向顾客的价值流很相似。山泉流的沿途可能有障碍、渗漏及污染。必须保证像山泉一样的企业价值流通畅、高效、洁净，这样流到顾客手上的价值才会保持最佳，达到效率高、成本低、质量高的理想状态。图4-7所示为精益管理结构。

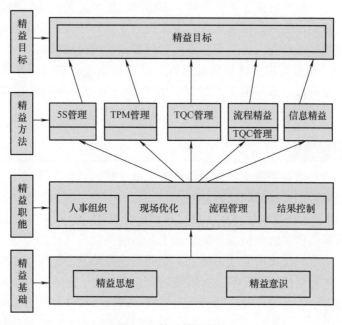

图4-7　精益管理结构

精益管理就是不断改善企业的价值流过程。除了接单部门、生产运作部门、销售服务部门要加强运作的精益管理之外，其他各部门要为企业的运营流程（价值流）的改善服务，他们要面向流程、面向基层、面向前台、面向顾客提供优质服务。因为流程服务是他们存在的唯一理由，而精益意识是企业人员主动运用精益思想思考、观察企业的各项管理，将企业各项管理的实际结果或可能结果与精益目标反复对照，从而优化或改善管理的思维过程或思维状态。精益意识也是精益管理的重要基础，没有精益意识的企业，在精益管理的实践中往往缺乏长久坚持的动力。

4.2.5　精益职能

精益管理主要包括对人事组织、运作现场、运作流程与结果控制四大职能领域的持续优化。明确精益管理必须优化的这些职能以及这些职能的关系，对企业管理人员来说非常重要。

（1）人事组织　精益的人事组织管理，可以为企业提供适应企业现状和未来发展的组织结构和员工队伍。因为人是企业中最活跃的因素，也是决定性的因素，所以精益的人事组织管理是企业精益管理是否能够得以顺利开展的关键之一。此职能的优化本身对其他职能的精益优化将产生重大影响，是其他职能优化的保证。

（2）运作现场　精益的现场管理是目前我国企业最热门的优化职能，它主要由5S、6S现场管理方法来进行实践优化。现场管理的优化是企业实施精益管理的先导，现场管理的优化表现出的人人参与、时时检点、持续改善等特点将企业的精益管理实践逐步引向深入。但目前我国不少企业由于认识存在问题，在现场管理优化实践中流于形式，缺乏引领企业精益管理不断深入的后劲。

（3）运作流程　精益的流程管理，是企业精益管理最重要的内容。如果不对流程持续优化，那么要想让企业的价值流变得更高效、更洁净、更大流量，那只能是一厢情愿。流程再造理论以前被过多地理解为是在生死存亡关头挽救企业的妙方，但企业流程再造应该贯彻到企业平常的管理当中，企业人员应当在流程管理方面持续追求精益。

（4）结果控制　精益管理要达到精益目标，必须对企业管理的结果控制职能加强精益优化。这些结果包括阶段性成果和最终结果。TQC 管理就是一种比较成熟的结果控制精益方法。

4.2.6　精益方法

精益方法是指为使精益职能达到精益目标的实践途径。精益方法层出不穷，必须把握以下几点：第一，按照他们解决的职能内容不同，5S 管理标准、全员生产维护（TPM）、快速换模（SMED）是解决运作现场优化的方法，全面质量管理（TQC）主要是解决结果控制优化的方法，战略分析、价值链分析、提案活动主要是解决流程优化的方法，人力资源管理的系列方法是解决人事组织优化的方法。第二，企业在选择精益方法时，必须结合职能领域的目标来综合考虑，进行系统组合。第三，精益的信息化方法，是现代社会中每个企业必须要掌握和运用的精益方法。每个企业应结合自身实际，或选择或开发适合企业高效运作的精益信息化方法，该类方法对企业精益优化的各个职能领域都有很大的促进作用。

近年，制造执行系统在我国离散制造企业逐渐得到了推广和应用。MES 是处于计划层和车间层操作控制系统之间的执行层，主要负责生产现场的生产管理和调度执行。离散制造企业可以通过 MES 实现对制造全过程的可视化和数字化管理，为制造全过程的物流管理提供及时、全面的信息支撑。制造执行系统可以为离散制造企业提供制造全过程的实时全面的物流动态信息和静态信息。但是大部分制造执行系统本身往往对这些物流信息的优化分析利用不够充分，下面构建了一种面向 MES 的物流精益管理系统体系结构（图4-8），为离散制造企业进一步提高生产过程物流管理水平提供一种信息化途径。

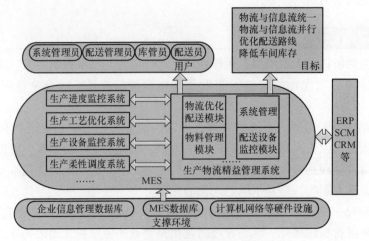

图 4-8　物流精益管理系统体系结构

（1）目标　面向MES的物理精益管理系统的目标是：通过射频识别等终端信息采集技术，实现信息的实时采集，保证物流与信息流的统一与并行，通过优化配送模型，实现配送任务的优化安排和配送路径的优化配置，最终实现降低配送成本和车间库存成本的目标。

（2）用户　面向MES的物流精益管理系统将企业生产过程的车间补货和配送任务集中到企业的配送中心进行，而不是传统的由各个工位的工人进行补货申请。这样可以使工人将全部精力投入安全生产中，同时配送中心统一补货，还可以实现规模效益，降低物流成本。

（3）实现形式　面向MES的物流精益管理系统属于MES的一部分，是离散制造企业信息化环境下的一个子系统，该系统还需要与MES中的生产进度监控系统、生产工艺优化系统、生产设备监控系统、生产柔性调度系统以及企业资源计划（ERP）、客户关系管理（CRM）等系统进行系统集成。

（4）支撑环境　计算机网络等硬件设施是物流精益管理系统与其他软件系统实现信息和资源共享的基础。

1. 系统关键流程

（1）信息采集流程　面向MES的物流精益管理系统将车间物料分为原材料、半成品、成品和不合格品四类。对各个工位物料终端信息的实时采集可以采用三种方式：第一种是可以采用低成本的电子按钮计数器，缺点是每次都需要工人去点击按钮，会影响工人的加工时间和精力；第二种是可以采用条码技术，这种方式的优势仍然是成本低，但是最终的信息采集需要信息采集器（如扫描仪）实现对数据的读取和录入，需要工人进行操作，操作的方便程度不高；第三种就是射频识别（RFID）技术，一套完整的RFID系统由电子标签、阅读器及计算机系统组成，成本高，但是具有十分显著的优点，即信息量大、读取方便快捷、数据记忆容量大、标签数据可以修改及安全性好等。图4-9所示为车间物流终端信息采集流程。下面提出的面向MES的物流精益管理系统采用RFID技术实现对车间物料信息的实时采集，贴有标签的物料只要在阅读器磁场范围内，就可以自动读取，无须工人操作，既可以保证信息采集的及时准确，又可以保证工人将全部时间和精力投入生产。在工位的待加工区和已加工区各安装RFID阅读器，当物料配送到待加工区，则RFID阅读器自动识别

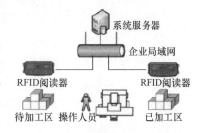

图4-9　车间物流终端信息采集流程

为物料到位信息，等待加工；当物料离开待加工区，也没有进入已加工区时，说明物料在加工中；当物料进入已加工区时，说明加工完毕。通过这种双RFID系统实现对物料的全程监控。RFID阅读器识别到的信息通过网络实时传输到系统服务器，实现物流和信息流的统一与并行。

（2）补货流程　面向MES的物流精益管理系统中，所有补货流程都由企业配送中心工作人员负责。物理精益管理系统补货流程如图4-10所示。车间各个工位的补货申请不再由各个工位的工人操作，而是由配送中心人员通过物流精益管理系统对各个车间各个工位进行实时监控。当系统统计分析出各个工位达到补货报警点时，相对应的库管员操作的计算机显示器会弹出补货报警信息。当库管员响应补货申请后，再由系统内部的配送优化模型自动生成配送任务，并在对应的配送员操作计算机显示器弹出报警信息，配送员响应后，即可打印

系统优化后的配送路径。若库管员没有响应补货报警，系统则会持续发出报警信息，直到响应为止；若配送员没有响应配送任务报警，系统同样持续发出报警信息，直到响应为止。配送员将物料配送到工位的待加工区后，RFID 阅读器将到货信息反馈回管理系统，补货结束。

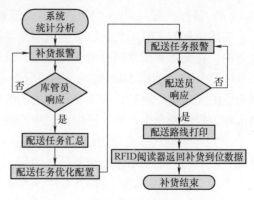

图 4-10　物流精益管理系统补货流程

2. 系统功能模型

建立面向 MES 的离散制造业物流精益管理系统功能模型如图 4-11 所示。

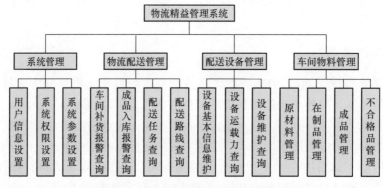

图 4-11　物流精益管理系统功能模型

（1）系统管理　系统管理模块的主要功能如下：

1）用户信息设置。主要设置系统的用户等级、新增用户和删减用户以及对用户信息的更新维护。

2）系统权限设置。主要设置不同等级用户的使用权限。

3）系统参数设置。主要设置各个工位原材料的补货点、补货预警点及经济补货量等参数；设置生产线终点工位成品的最高库存量等参数；设置各配送设备的运输能力以及配送设备空载率的计算参数等。

（2）物流配送管理　物流配送管理模块的主要功能如下：

1）车间补货报警查询。配送中心库管员可以查询自己负责的各个工位的库存明细，也可以查询所有补货报警的统计报表。当有补货报警信息时，该功能模块会在计算机桌面弹出一个报警信息提醒库管员。若库管员响应该报警信息，则该补货信息自动转入配送优化模块，进行配送任务的安排。

2）成品入库报警查询。成品库管员可以通过成品入库报警查询模块，查询各个车间成品的车间库存明细。当成品需要入库时，该功能模块会自动弹出报警信息在相关库管员的操作窗口。若库管员响应该报警信息，则该成品入库信息自动转入配送优化模块，进行配送任务的安排。

3）配送任务查询。该功能模块会依据各个库管员响应的报警信息，通过优化模块，自动生成某个运输设备的配送任务。并在配送员操作界面弹出提示信息。配送员对配送任务进行确认操作后，将自动转入配送路线查询模块。

4）配送路线查询。配送员通过该模块查询打印每次配送任务的路线表。

（3）配送设备管理　配送设备管理模块主要实现对配送设备基本信息维护以及相关的信息查询。

1）设备基本信息维护。主要维护配送设备的基本信息，如名称、型号、运载力、维护周期、维护记录、驾驶员、购买时间、预计报废时间等。

2）设备运载力查询。可以按照运载力、驾驶员等不同条件查询可用运输车辆；可以查询所有可用运输设备明细统计表，并可以选择多种排列顺序等。

3）设备维护查询。设备维护查询模块主要实现对需要进行定期维护的配送设备进行查询，保证运输设备按时进行检查维护，避免事故的发生，并保证配送任务能按时完成。

（4）车间物料管理　车间物料管理模块的具体功能如下：

1）原材料管理。各个工位待加工区的原材料实时数据由 RFID 阅读器自动实时更新，通过原材料管理模块实现对各个工位原材料数据的实时查询。

2）在制品管理。通过各个工位已加工区的 RFID 阅读器自动实时更新在制品数据，可以进行在制品信息统计和生成报表，同时为 MES 系统中的生产进度监控子系统提供进度数据。

3）成品管理。通过最后一道工序的已加工区，RFID 阅读器实时更新成品信息。通过本模块，物流人员可以实时查询车间成品库存情况，并可以进行报表统计，同时与 MES 系统的生产进度监控子系统和 ERP 中的销售管理子系统进行信息共享。

4）不合格品管理。对于质检出现问题或损坏的零部件，集中在车间的不合格品区，并安装专门的 RFID 阅读器。用户可以通过本模块实现对不合格品的查询并进行相关处理。

4.3　智能制造工厂

1. 企业信息系统架构

智能制造的基本特征是生产过程和生产装备的数字化、网络化和信息化。ISA - 95 和 IEC62264 将企业的信息系统的架构划分为不同的层次，并且定义了不同层次所代表的功能，如图 4-12 所示。

层 0 定义实际的生产制造过程，代表生产设备（如数控机床、工业机器人、成套生产线等）。

层 1 定义生产流程的传感和执行活动，代表各种传感器、变送器和执行器等。时间范围：秒、毫秒、微秒。

层 2 定义生产流程的监视和控制活动，代表各种控制系统和数据采集与监视（SCADA）系统。时间范围：小时、分、秒、毫秒。

层 3 定义生产期望产品的工作流/配方控制活动，包括：维护记录和优化生产过程、生产调度、详细排产等。时间范围：日、班次、小时、分。

层 4 定义管理工厂/车间所需的业务相关的活动，包括：建立基本的工厂/车间生产计划、资源使用、运输、物流、库存、运作管理。时间范围：月、周、日。

智能制造要求各级网络的集成和互联打破原有的业务流程与过程控制流程相脱节的局面，使得分布于各生产制造环节的各控制系统不再是"信息孤岛"，而是从底层现场级（层1）贯穿至控制级（层2）和管理级（层3）各层次。

2. 综合信息系统

（1）系统结构　工厂/车间综合信息系统如图4-13所示。其中：层4、层3代表企业资源、生产等的计划和管理功能，称为生产管理系统。层2、层1代表生产单元或生产线的监视、操作，以及生产过程控制功能，称为工业控制系统。

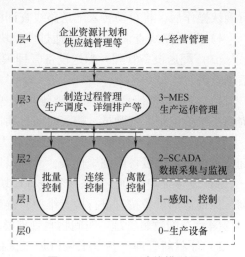

图4-12　ISA-95功能模型图

（2）系统拓扑图　对应于图4-13所示的综合信息系统，在工厂/车间中实现网络连接拓扑示意图如图4-14所示。

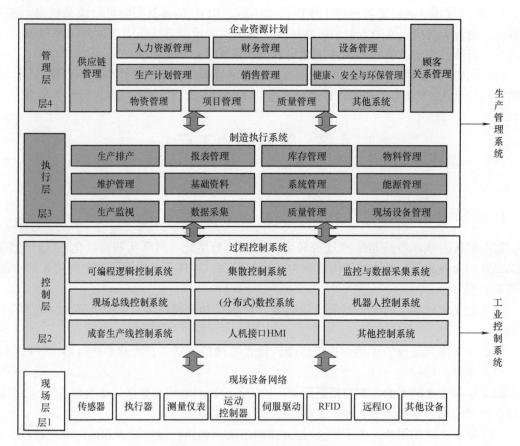

图4-13　工厂/车间综合信息系统

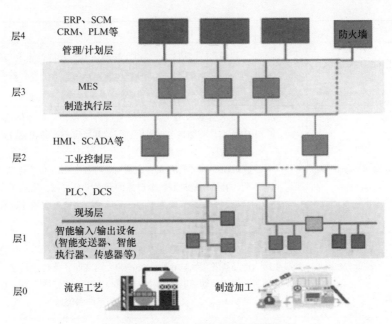

图4-14 工厂/车间综合信息系统拓扑

3. 生产管理系统

管理层各系统/软件的功能说明见表4-2。

表4-2 管理层各系统/软件的功能说明

简称	英文名称	中文名称	功能说明
CAD	Computer Aided Design	计算机辅助设计	利用计算机及其图形设备帮助设计人员进行设计工作
CAE	Computer Aided Engineering	计算机辅助工程	主要利用计算机对工程和产品进行性能与安全可靠性分析,对其未来的工作状态和运行行为进行模拟。及早发现设计缺陷,并证实未来工程、产品功能和性能的可用性和可靠性。这里主要指的是CAE软件 CAE包含计算机辅助工程计划管理、计算机辅助工程设计、计算机辅助工程施工管理及工程文档管理等
CAPP	Computer Aided Process Planning	计算机辅助工艺设计	借助计算机软硬件技术和支撑环境,利用计算机进行数值计算、逻辑判断和推理等的功能,来制订零件机械加工工艺过程 CAPP是将产品设计信息转换为各种加工制造、管理信息的关键环节;是企业信息化建设中联系设计和生产的纽带,还为企业的管理部门提供相关的数据;是企业信息交换的中间环节
CAM	Computer Aided Manufacturing	计算机辅助制造	利用计算机来进行生产设备管理控制和操作的过程。输入信息是零件的工艺路线和工序内容,输出信息是刀具加工时的运动轨迹(刀位文件)和数控程序

（续）

简称	英文名称	中文名称	功能说明
CRM	Customer Relationship Management	客户关系管理	利用相应的信息技术和互联网技术，来协调企业与客户间在销售、营销和服务上的交互，向客户提供创新式的个性化的客户交互和服务的过程
PDM	Product Data Management	产品数据管理	用来管理所有与产品相关信息（包括：零件信息、配置、文档、CAD 文件、结构、权限信息等）和所有与产品相关过程（包括过程定义与管理）的技术 PDM 的基本原理是：在逻辑上将各个 CAX 信息化孤岛集成起来，利用计算机系统控制整个产品的开发设计过程，通过逐步建立虚拟的产品模型，最终形成完整的产品描述，生产过程描述以及生产过程控制数据
PLM	Product Lifecycle Management	产品生命周期管理	应用于在单一地点的企业内部、分散在多个地点的企业内部以及在产品研发领域具有协作关系的企业之间，支持产品全生命周期的信息的创建、管理、分发和应用的一系列应用解决方案。它能够集成与产品相关的人力资源、流程、应用系统和信息
SCM	Supply Chain Management	供应链管理	在满足一定的客户服务水平条件下，为了使整个供应链系统成本达到最小，而把供应商、制造商、仓库、配送中心和渠道商等有效地组织在一起来进行的产品制造、转运、分销及销售的管理软件系统。供应链管理包括计划、采购、制造、配送、退货五大基本内容
ERP	Enterprise Resourse Planning	企业资源计划	ERP 是企业进行物质资源、资金资源和信息资源集成一体化管理的企业信息管理系统。ERP 是一个以管理会计为核心可提供跨地区、跨部门，甚至跨公司整合实时信息的企业管理软件；是针对物资资源管理（物流）、人力资源管理（人流）、财务资源管理（财流）、信息资源管理（信息流）集成一体化的企业管理软件

根据生产需求，各企业使用 ERP 的功能模块会有很大差别。图 4-15 所示为 ERP 的基本功能。图 4-16 所示为 ERP 与其他系统交互的基本数据流。

MES 系统是面向制造企业车间执行层的生产信息化管理系统。MES 处于计划层和现场自动化系统之间的执行层，主要负责车间生产管理和调度执行。MES 可以为企业提供包括制造数据管理、计划排产管理、生产调度管理、产品跟踪、库存管理、质量控制、设备故障分析、人力资源管理、现场设备管理、工具工装管理、采购管理、成本管理、项目看板管理、生产过程控制、底层数据集成分析、上层数据集成分解等管理模块，使用统一的数据库和通过网络连接可以同时为生产部门、质检部门、工艺部门、物流部门等提供车间管理信息服务。图 4-17 所示为 MES 的基本功能。

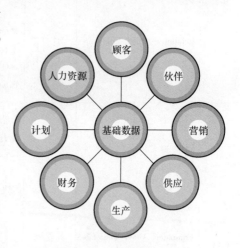

图 4-15　ERP 的基本功能

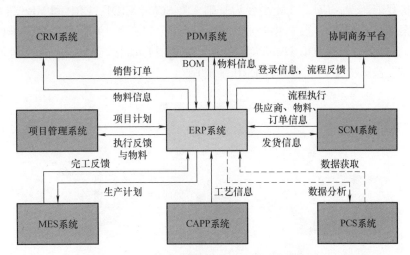

图 4-16　ERP 与其他系统交互的基本数据流

完整的产品全生命周期包括：产品设计、工艺设计、工装设计、生产制造、销售和服务。上述生产管理系统各功能系统/软件在产品全生命周期中的作用范围如图 4-18 所示。

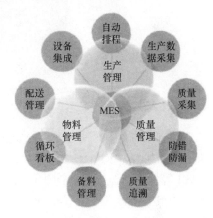

图 4-17　MES 的基本功能

PLM 主要包括三部分，即 CAX 软件（产品创新的工具类软件）、CPDM 软件（即不仅针对研发过程中的产品数据进行管理，还包括产品数据在生产、销售、营销、服务维修等部门的应用）和相关的咨询服务。使用 PLM 软件来真正管理一个产品的全生命周期，其需要与 SCM、CRM，特别是 ERP 进行集成。

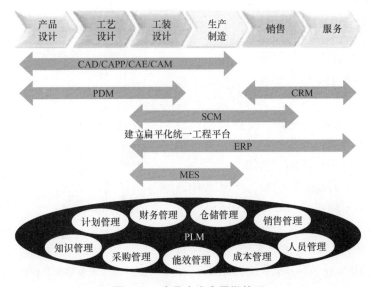

图 4-18　产品全生命周期管理

为了支持智能制造，应以 PLM 平台为基础，将 SCM、CRM、ERP 和 MES 进行集成。典型的解决方案如西门子的"数字化企业"软件套件，如图 4-19 所示。西门子可提供 PLM（Teamcenter）、MES（SIMATIC IT）以及称为"全集成自动化（TIA）"的控制系统（PLC、CNC）和现场设备解决方案（不包含 ERP 系统）。

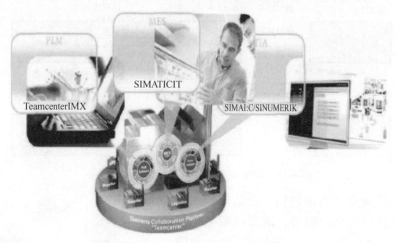

图 4-19　西门子"数字化企业"软件套件

4. 工业控制系统

工业控制系统涉及工业以太网、现场总线、工业无线等多种工业通信网络技术，负责将计算机（工程师站、操作员站、SCADA 系统、OPC 服务器等）、控制器（PLC、CNC、RC 等）、HMI 等控制与监视设备同生产现场的各种传感器、变送器、执行器、伺服驱动器等连接起来，并将生产管理系统（如 MES 系统）的生产调度、工作指令和控制参数等向下传递给控制系统，以及将生产现场的工况信息、设备状态、测量参数等向上传递给生产管理系统（如 MES 系统），以执行特定的生产制造计划。

SCADA 系统，即数据采集与监视控制系统，是以计算机为基础的生产过程控制与调度自动化系统。它应用于电力、冶金、石油、化工、燃气、铁路等领域的数据采集与监视控制以及工程控制等诸多领域，可以对现场的运行设备进行监视和控制，以及实现数据采集、设备控制、测量、参数调节以及各类信号报警等功能。图 4-20 所示为工业控制系统组成结构示意图。

计算机/上位机与控制器（PLC、CNC、RC）的连接和通信一般采用串口（RS232 或 RS485）、以太网或现场总线。

几乎所有工业控制系统（即生产/过程控制系统）与 ERP、MES 或 SCADA 系统的信息交互

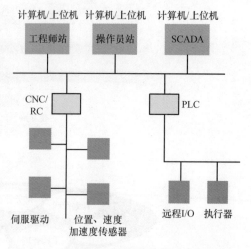

图 4-20　工业控制系统组成结构示意图

都通过 OPC 实现（过程控制用对象连接与嵌入技术），是工业界实现现场数据采集与获取的标准。OPC 基于客户机/服务区模型，定义了硬件驱动与应用程序间的统一接口标准。不管现场设备以何种形式存在，客户都以统一的访问形式去访问，从而保证软件对客户的透明性，使得用户完全从低层的开发中脱离出来。基于 OPC 的数据采集与获取如图 4-21 所示。

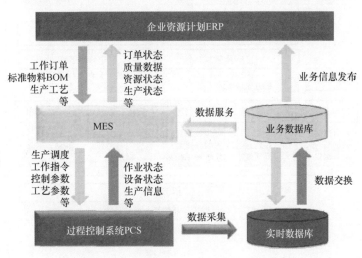

图 4-21 基于 OPC 的数据采集与获取

5. ERP、MES 和 PCS 集成

工业控制网络涵盖控制级网络和现场级网络，实现将生产管理系统（如 MES 系统）的生产调度、工作指令、工艺参数和控制参数等向下传递给控制系统，以及将生产现场的工况信息、设备信息、测量参数等向上传递给生产管理系统，进而生产管理系统根据获取的信息来优化生产调度和资源分配。ERP、MES、PCS 的集成及数据包括以下方面：

（1）ERP 传递给 MES 的生产计划数据 ERP 需要每天传递给 MES 一周以后的生产计划数据，即顺位计划文件。在传递的顺位计划文件中，应该包含全部车间所涉及的生产信息。

（2）MES 传递给 ERP 的生产执行数据 MES 需要将计划的实际信息传递给 ERP，以保证 ERP 可以实现：生产计划跟踪、物料倒冲、成品入库、生产查询。

（3）MES 传递给设备和生产者的生产信息 通过 MES 系统与 PLC 的数据传递，实时地将生产设备生产工件基础信息以及生产状态信息进行采集，并储存，经过整理后，即可以用专用格式向 ERP 传递。

6. "工业 4.0"

"工业 4.0" 的关键是建立信息物理系统（CPS），实现领先的供应商战略与领先的市场战略，实现横向集成、纵向集成与端对端的集成。"工业 4.0" 的核心是智能制造，精髓是智能工厂。精益生产是智能制造的基石，工业标准化是必要条件，软件和工业大数据是其大脑。

德国 "工业 4.0" 战略发布后，各大企业积极响应，已经形成了从基础元器件、自动化控制软硬件、系统解决方案到供应商的完整产业链，形成了围绕 "工业 4.0" 的生态系统（图 4-22）。

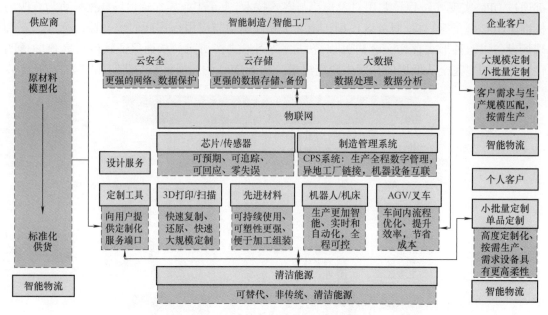

图 4-22 "工业 4.0"生态系统

7. 智能工厂体系架构

数字化工厂是实现智能制造的基础和前提，在组成上主要分为三大部分，如图 4-23 所示。其在企业层对产品研发和制造准备进行统一管控，与 ERP 进行集成，建立统一的顶层研发制造管理系统。管理层、操作层、控制层、现场层通过工业网络（现场总线、工业以太网等）进行组网，实现从生产管理到工业网底层的网络联接，实现管理生产过程、监控生产现场执行、采集现场生产设备和物料数据的业务要求。除了要对产品开发制造过程进行建模与仿真外，还要根据产品的变化对生产系统的重组和运行进行仿真，在生产系统投入运行前就了解系统的使用性能，分析其可靠性、经济性、质量、工期等，为生产制造过程中的

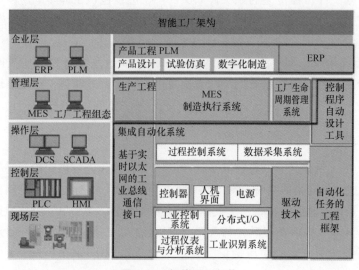

图 4-23 智能工厂架构

流程优化和大规模网络制造提供支持。

西门子基于"工业4.0"概念创建的安贝格数字化工厂，在产品的设计研发、生产制造、管理调度、物流配送等过程中，都实现了数字化操作。安贝格数字化工厂突出数字化、信息化等特征，为制造业的可持续发展提供了借鉴与启迪。安贝格数字化工厂已经完全实现了生产过程的自动化，在生产过程的制造研发方面，与国际化的质量标准相对接。安贝格数字化工厂的理念是通过将企业现实和虚拟世界结合在一起，从全局角度看待整个产品开发与生产过程，实现高能效生产覆盖从产品设计到生产规划、生产工程、生产实施及后续服务的整个过程。安贝格数字化工厂对"工业4.0"概念做出了最佳实践，处于制造业革命的应用前沿。

8. 数字孪生模型

数字孪生模型（MBD）指的是以数字化方式在虚拟空间呈现物理对象，即以数字化方式为物理对象创建虚拟模型，模拟其在现实环境中的行为特征，它是一个应用于整个产品生命周期的数据、模型及分析工具的集成系统。对于制造企业来说，数字孪生模型能够整合生产中的制造流程，实现从基础材料、产品设计、工艺规划、生产计划、制造执行到使用维护的全过程数字化。通过集成设计和生产，数字孪生模型可帮助企业实现全流程可视化、规划细节、规避问题、闭合环路、优化整个系统。

9. 数字孪生模型的组成

数字孪生模型主要包括：产品设计、过程规划、生产布局、过程仿真、产量优化等。

（1）产品设计 MBD技术中融入了知识工程、过程模拟和产品标准规范等，将抽象、分散的知识集中在易于管理的三维模型中，使得设计、制造过程能有效地进行知识积累和技术创新，因而MBD是企业知识固化和优化的最佳载体。

（2）过程规划 产品的实际制造过程有时可能极其复杂，生产中所发生的一切都离不开完善的规划。一般的规划过程通常是设计人员和制造人员采用不同的系统分别开展工作，他们之间无过多沟通，设计人员将设计创意交给制造商，不考虑制造性，由他们去思考如何制造。但是这样做很容易导致信息流失，使得工作人员很难看到当前的实际状况，进而增大出错的概率。

（3）生产布局 生产布局指的是用来设置生产设备、生产系统的二维原理图和纸质平面图。设计这些图需要耗费大量的精力并进行广泛的协调。由于计划和设备设计密切集成，所以用户能高效管理整个生产过程。通过规定每个生产步骤，甚至管理每个生产资源（如机械手、夹具等），用户可以优化过程。

（4）过程仿真 过程仿真是一个利用三维环境进行制造过程验证的数字化制造解决方案。制造商可以利用过程仿真在早期对制造方法和手段进行虚拟验证。过程仿真包括利用装配过程仿真，利用人员过程仿真，利用Process Simulate Spot Weld仿真，利用机器人过程仿真，利用试运行过程仿真。利用过程仿真能够对制造过程进行分步验证。

（5）产量优化 利用产量仿真来优化决定生产系统产能的参数。通过将厂房布局与事件驱动型仿真结合在一起，促进这种优化的实现。这样可以快速开发和分析多个生产方案，从而消除瓶颈、提高效率并提高产量。工厂仿真可以对各种规模的生产系统和物流系统

（包括生产线）进行建模、仿真，也可以对各种生产系统（包括工艺路径、生产计划和管理）进行优化和分析，还可以优化生产布局、资源利用率、产能和效率、物流和供需链，考虑不同大小的订单与混合产品的生产。

思考题

1. 何谓 MES 系统？MES 系统的需求有哪些？

2. MES 系统符合的模型标准是什么？MES 在企业经营及生产过程控制中发挥的作用是什么？

3. MES 的特点及国际上 MES 的发展趋势体现在哪些方面？

4. 精益管理的含义是什么？精益思想与精益意识的联系及作用有哪些？

5. 精益管理与精益生产在应用领域、应用方式、实现目标等方面的区别及联系是什么？

6. 物流精益管理系统是如何运作的？

7. 智能制造的基本特征是什么？

8. "工业 4.0" 与智能工厂之间的关系是什么？

9. 智能工厂的架构及 ERP 的基本功能是什么？

"两弹一星"功勋科学家：
孙家栋

第 5 章

智能制造服务

以智能服务为核心的产业模式变革，是新一代智能制造系统的主题。新一代人工智能技术的应用催生了产业模式从产品为中心向以用户为中心的根本转变。随着传统工业巨头的衰落和新兴"数字原生"企业的崛起，企业的竞争力正在被重新定义。智能制造时代，人、产品、系统、资产和机器之间建立了实时的、端到端的、多向的通信和数据共享；每个产品和生产流程都可以自主监控，感知了解周边环境，并通过与客户和环境的不断交互自我学习，从而创造出越来越有价值的用户体验；制造业也能实时了解客户的个性化需求，并及时做出反应。这种基于数据的智能化给制造业带来的变化不仅是生产效率的提升，还会在传统的产品之外衍生出新的产品和服务模式，开辟全新的增长空间，制造业的运营模式和竞争力会被重新定义。面向共性需求，制造业将逐渐建立智能制造综合服务发展模式及平台运营机制。打通上下游产业链与服务链，支持面向智能制造领域的服务定制和服务交易；支持各类环节实时在线服务，打造贯通智能制造全行业、全流程、全要素的服务体系。智能服务，包括协同设计、大规模个性化定制、远程运维以及预测性维护、智能供应链优化等具体服务模式，涉及跨媒体分析推理、自然语言处理、大数据智能、高级机器学习等关键技术。

5.1 协同规划

全球化的市场竞争和信息技术、网络技术的快速发展，使制造环境发生了根本性的变化。敏捷制造、网络化制造等先进制造思想已经被广泛接受并逐步实施，企业间的交互与协作也越来越频繁，这种交互和协作在产品生命周期内占据越来越重要的作用。

传统数字制造主要关注制造的自动化、企业不同业务系统的集成、生产线的柔性与工厂制造业务的敏捷性以及紧耦合企业集团内的协同。互联网环境下的智能制造协同更多表现为松耦合特征，因此出现了自组织去中心化的企业间的制造资源与服务的动态按需协同规划。在"互联网＋"的全面创新环境下，单个企业的高度发达，单个企业制造过程的高度智能化，单个企业将智能制造贯穿于产品和服务的全过程，在创新、研发、设计、生产、物流、销售、服务、运维都做到智能化的最优化状态时，也将受限于企业内部的能力边界，并受制于行业资源和地域资源。

1. 协同规划的概念

智能制造多维度的技术集合、市场需求、协作需求是智能制造体系的牵引动力。协同规划既要企业内部的制造系统一体化，更要考虑不同企业间数据与资源交换机制、交换的安全认证与授权、资源共享与发现、制造智慧的迭代更新、资源的选择与排产。协同规划是指在整个互联网智能制造中，智能制造企业间，或者智能制造企业与消费者之间发生的一种联合机制。该机制实现基于点对点、自组织的智能制造资源目录分享、同步；微制造服务单元发布、搜索、调用；基于智能制造资源和微制造服务单元建立的智能制造应用种群智慧进化；基于智能制造资源和微制造服务单元的全网动态配置的虚拟生产线的建模和驱动。

2. 智能制造协同规划体系结构

协同智能制造有别于传统的云制造。总体来说其应具有以下特征：

1）单个智能制造企业内的系统具有自治性，其内部制造服务可以独立运行。

2）每个智能制造企业都有智能制造资源分享到网络中，也可以发现其他智能制造企业分享的智能制造资源。

3）当智能制造企业接受其他智能制造资源的服务需求时，通过安全授权可决定是否允许访问。

4）智能制造企业间的协作是去中心化的，不需要仲裁机构的决策。

5）智能制造企业之间的持续协作化，将在智能制造企业之间构成协同智慧并使得智能制造企业群整体进化。

智能制造协同规划体系结构如图5-1所示。

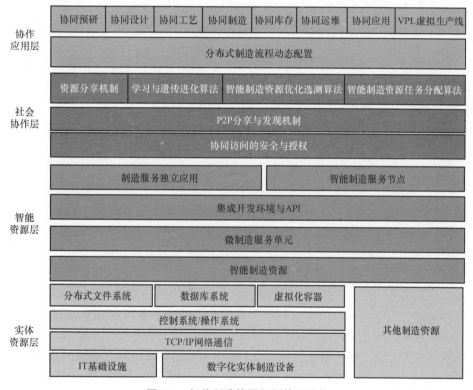

图 5-1　智能制造协同规划体系结构

在图5-1所示的智能制造协同规划体系结构中，实体资源层包括数字化的IT基础设施和数字化的实体制造设备，以及其他传统制造资源，如材料、物资、能源、人力、工时、文档等。数字化实体制造设备包括工业机器人、AGV、柔性控制单元、数控机床等。

智能制造企业既可以将智能资源层的独立应用、制造服务节点、微制造单元、智能制造资源部署在企业内部私有云上的传统机架式服务、虚拟化服务器，又可以租用互联网中心的虚拟服务器和云存储。实体资源层对于上层均属于透明状态，也完全与相关技术保持紧密关系，通过采取开放的行业标准建立的实体资源层可以保证智能制造企业采用最前沿的技术成果。

智能资源层定义了从智能制造资源封装到微制造单元、从微制造单元通过开发环境及API重组成制造服务独立APP的过程。在智能资源层中，制造服务节点作为一个代理即可独立运行，也可以在制造服务独立应用内并行运行，该代理的目的是接收来自社会协作层的服务调用请求，并通过相匹配的制造服务独立应用或者直接调用微制造单元，甚至调用智能制造资源。

社会协作层提供智能制造企业之间在互联网上的智能制造资源发布、搜索的能力。当获得社会网络所需要的智能制造资源时，根据智能制造资源优化选择算法进行筛选，根据智能制造资源排产算法分配子过程的任务。优选算法和排产算法作为算法池的一部分，由智能制造企业自己开发。分布式制造流程动态配置机制基于微制造单元、制造服务节点和智能制造资源，或者作为独立的应用工具存在或者嵌套在制造服务的独立 APP 中。社会协作层还提供自学习和应用的遗传进化机制。认证与授权将确保社会协作层提供给协作应用层的微制造单元、制造服务节点或智能制造资源是可用可达的。

3. 协同规划案例：A 集团智能制造协同规划系统

（1）用户需求 A 集团为全国性大型集团，其成员单位分布于全国多个省市，成员单位包含总装厂、设计研究所、配套企业。其主要集中在上海、武汉、青岛、重庆、大连、昆明等城市。A 集团针对数字化智能制造服务提出了如下要求：

1）预研服务需要在北京咨询中心和各企业的信息中心之间协同。

2）异地设计师可以协同设计并进行文档修改，必须保持版本同步。

3）不同分段可以分布式生产，最后实现总装。

4）车间实现刀具、机床等全覆盖管理并实现与企业内生产管理的集成。

（2）具体解决方案介绍 首先，A 集团基于 IP 建立了私有云网络，系统整体拓扑结构如图 5-2 所示。各企业子系统通过传统的信息安全机制实现身份安全和数据防护。信息安全体系采用集中与分布式相结合的方法实现中央策略与本地策略的分别管理。中央策略用于管理各企业间互访策略，本地策略用于管理来自企业外的对本企业内服务资源的访问请求管理。其次，A 集团建立了企业制造资源标准集合（包含材料、设备、工具、生产单元等），以此标准为基础封装成微制造单元，实现企业数据总线和企业内应用系统间交换的数据总线。微制造单元思想细化了项目开发中的网络服务颗粒度，为后期多系统的集成和系统内部业务的调整带来了方便，也提高了代码的重用性。A 集团成员的制造资源标准涵盖了船舶信息、分段信息、区域信息、作业类型、作业阶段、工作包、派工单、托盘编码、图号编码、物资编码等。统一编码及数据接口标准保存在数据中心服务器上。最后，A 集团初步建设了五大子系统平台：知识服务系统、云设计系统、设计管理系统、生产管理系统、车间管理系统。

（3）方案实施后的价值与成果 A 集团经过持续的信息化改造和制造协同规划实践，原材料的利用率大幅上升。例如其产品平均钢材利用率达到了 85% 以上，有的产品中最高可达 90%。异地设计的协同机制使得设计周期缩短，逐步实现了生产技术准备工作前移。关联企业新建或改造了原有生产流程。各企业分别形成了集中型、分离型等不同形式的生产线，采用了不同形式的区域作业方式，理顺了生产作业流程、物流通畅。企业依据生产作业流程改造的需要，改变了按工种划分车间的模式，按中间产品设置生产组织，按生产流程要求配置生产人员，实现产品一体化作业。企业建立了与生产组织体系相适应的计划管理体系，强化了工时、物量、能率管理，制订了标准日程，建立了信息反馈制度，提高了生产计划的可控制水平。减少物流周转，采取 100% 数控划线和全面无余量制造，推进精度生产。

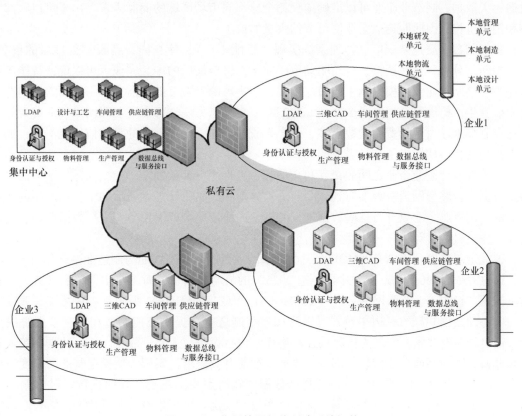

图5-2 A集团协同智能制造系统拓扑

5.2 智 能 定 制

在工业发展早期，生产中主要采用简单的机械系统，这是制造端的生产力需求。随着"工业4.0"的出现及互联网等科技新生态的迅速普及，消费者对产品创新、质量、品种以及交付速度的需求发生了质的变化，这一变化导致市场个性化需求的激增。

无论是工业互联网，还是"工业4.0"理念，其核心技术之一是信息物理系统CPS。智能工业的发展要从生产端前移到消费端，同时从上游往下游突破。企业需要从用户的最终价值出发，实现产业链各个环节的融合与协同优化，从而实现工业产品的服务与个性化。随着制造技术的进步和现代化管理理念的普及，制造企业的运营越来越依赖信息技术。制造业整个价值链、制造业产品的整个生命周期，都涉及非常多的数据，如产品数据、运营数据、价值链数据、外部数据等。

在制造业大规模定制中，定制数据达到一定的数量级，就可以通过对大数据的挖掘，实现流行预测、精准匹配、时尚管理、社交应用、营销推送等更多的应用。同时，制造业企业通过大数据分析提升营销的针对性，降低物流和库存的成本，减少生产资源投入的风险。利用这些大数据进行分析，将带来仓储、配送、销售效率的大幅提升和成本的大幅下降，并将极大地减少库存，优化供应链。同时，利用销售数据、产品的传感器数据和供应商数据库的数据等大数据，制造业企业可以准确地预测全球不同市场区域的商品需求。由于可以跟踪库存和销售价格，因此制造业企业便可节约大量的成本。

智能制造本质是基于信息物理系统实现"智能工厂"，使智能设备根据处理后的信息，进行判断、分析、自我调整、自动驱动生产加工，直至最后的产品完成。可以说，智能工厂已经为最终制造业大规模定制生产做好了准备。实现消费者个性化需求，一方面需要制造业企业能够生产提供符合消费者个性偏好的产品或服务，另一方面需要互联网采集消费者的个性化定制需求。由于消费者人数众多，每个人需求不同，导致需求的具体信息也不同，加上需求不断变化，就构成了产品需求的大数据。

消费者与制造业企业之间的交互和交易行为也将产生大量数据，挖掘和分析这些消费者动态数据，能够帮助消费者参与到产品的需求分析和产品设计等创新活动中，为产品创新做出贡献。制造业企业只有对这些数据进行处理，进而传递给智能设备，进行数据挖掘、设备调整、原材料准备等步骤，才能生产出符合个性化需求的定制产品。

智能定制案例：海尔COSMOPlat工业互联网平台——人工智能与制造业融合创新。

1）COSMOPlat平台。在"中国制造2025"的战略指引下，海尔自主创新，打造了具有自主知识产权的工业互联网平台——COSMOPlat。海尔COSMOPlat平台是物联网模式下以用户为中心的共创共赢的多边平台，可以为离散型制造企业提供智能制造和资产管理解决方案。通过物联网技术，实现人机物的互联协作，包括设备、人员、流程、工厂数据的接入和监测分析，满足不同企业信息化部署、改造、智能升级需求，实现大规模定制的高精度与高效率。海尔COSMOPlat平台通过设备资产数据的实时采集，对资产在线进行实时监测和管理，并根据资产模型和运行大数据，优化资产效率。例如可采集设备实时数据，结合设备机理分析和建模，实现了预测性维护，提升效率降低成本。图5-3所示为海尔大规模定制智能制造系统架构。

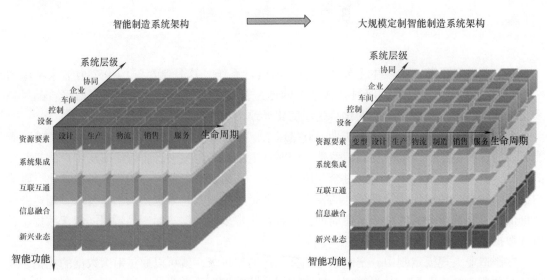

图5-3 海尔大规模定制智能制造系统架构

2）具体解决方案介绍。海尔智能化互联工厂包含用户定制、模块智能拣配、柔性装配、模块装配、智能检测、定制交付等多个智能单元，集成了COSMOPlat平台、虚实融合双胞胎系统、RFID、智能相机、双臂机器人、AGV、网络安全等多种智能技术。用户可以应用众创汇、HOPE 等在线交互设计平台，自主定义所需产品，平台整合需求并达到一定需求规模后，形成用户订单；同时，引进一流资源在线开展虚拟设计，订单可直达工厂与模块商，驱动全流程并联，自动匹配所需模块部件。通过工厂 AGV 等智能物流系统实现模块立即配送和按需配料，并全流程追溯和可视化制造过程信息数据，针对 VIP 和紧急用户订单还提供智能执行插单功能。此外，虚实融合双胞胎系统既可以离线仿真所有生产流程，又可实时动画显示现场设备的运行状态和订单数据。

3）方案实施后的价值与成果。海尔用户场景大数据与制造数据融合，促进了产品迭代和体验提升。用户数据与生产数据互联互通，实现智能化生产。例如，COSMOPlat 平台搜集微博、微信、搜索引擎及其他途径的用户需求，发现用户对所有品牌空调的各类需求问题，通过数据分析出空调声音为主要问题。空调声音主要包括噪声和异响，噪声可通过分贝辨别，而异响有千万种。COSMOPlat 平台依托大数据和人工智能技术自主学习辨别异响和自动管控，提升辨别的精准度，聚焦噪声问题后，可追溯生产过程，通过生产过程大数据，分析出导致异响的原因（包括空调风扇安装不良、电动机安装不良或者骨架模块毛刺等原因），进而总结出改善异响的关键措施，提前预防，改善用户体验。

海尔 COSMOPlat 平台旨在推动企业智能化转型升级和人工智能与制造行业融合创新，构建新型企业组织结构和运营方式，形成制造与服务智能化融合的业态模式，实现大规模定制。在 COSMOPlat 平台的效应下，产品生产效率和产品不入库率得到了提升。同时，COSMOPlat 是"企业和智能制造资源最专业的连接者"，在服务内部互联工厂的同时，也为制造业企业转型升级提供解决方案和增值服务，让企业自身具备持续提升大规模定制的能力，满足用户的体验要求。

5.3 服役系统智能健康管理

装备智能制造向全球化、服务化方向发展，开展以设备故障诊断和维护为核心的售后服务是实现制造智能服务的重要途径。装备制造业是国家国民经济的支柱产业，复杂装备是高端制造的重要载体。经济全球化、信息技术革命与现代管理思想的发展，已经使装备制造业向智能化、全球化、服务化方向发展。全球化背景下，使得设备用户分布在全球各个角落，给设备的运行维护带来极大的困难与挑战。复杂装备系统结构复杂，故障诊断和设备维护困难，目前多数故障诊断领域的研究工作主要集中在服役系统的状态评价方面，关心的是系统当前的运行状态。传统"事后维修"是在服役系统出现故障后进行维修，可能造成难以估计的财产损失与人员伤亡，"计划维修"经常造成不足维修与过剩维修。随着制造智能化、全球化、服务化发展，服役系统智能健康管理越来越受到人们广泛关注。

1. 服役系统智能健康管理技术的概念

服役系统智能健康管理技术的运用主要集中在武器装备、航空航天等军工领域及复杂重要工矿设备的保障领域。随着《中国制造 2025》的推进，服役系统智能健康管理将逐步在民用装备领域推广。服役系统智能健康管理技术是一个建立在已有成熟技术上的集成，融合了早期诸如在线测试、部件健康监控、集成状态评估、诊断与预计等工具或者平台的理念和技术，具备故障诊断、隔离、故障预测、寿命追踪等能力。它是指利用尽可能少的传感器采集系统的各类数据信息，借助各种推理算法和智能模型（如物理模型、神经网络、数据融合、模糊逻辑、专家系统等）来监控、预测和管理系统的状态，估计系统自身的健康状况，在系统发生故障前尽早监测且能有效预测，并结合各种信息资源提供一系列的维修保障措施实现系统的视情维修。因此，该技术的意义不仅是消除故障，还是为了了解和预测故障何时可能发生，从而制订合理的保障计划，既通过保障降低故障风险，又降低保障成本。这意味着维护方式上的转变，从传统的基于运行数据监控的诊断向基于智能系统预判诊断的转变，从出现故障开始着手维护转向对于风险故障的预分析处理的维护。

图 5-4 所示为服役系统智能健康管理图。图中显示出服役系统智能健康管理流程，首先针对服役系统进行数据采集汇聚与存储，对于汇聚的数据进行数据清洗，赋予智能分析算法进行服役系统健康保障决策的能力。

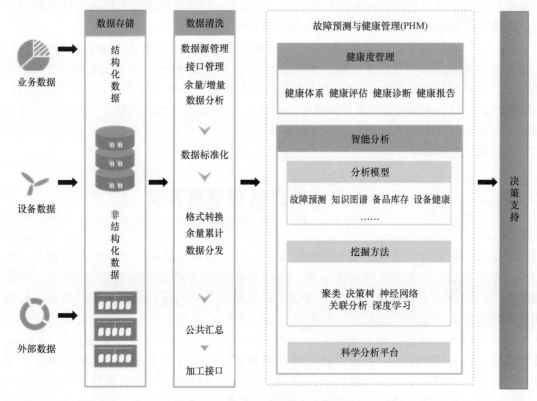

图 5-4　服役系统智能健康管理图

2. 基于云服务的服役系统智能健康管理架构

基于云计算、物联网、云制造等新兴技术与理念，构建面向智能服务的服役系统智能健康管理系统。企业可以实现设备诊断维护资源的集中管控与共享，提升企业的核心竞争力。企业亦可依据第三方服务平台进行设备维护，按需从平台获取相关的服务资源，平台的软硬件资源由第三方进行维护与更新，可节省企业设备维护的成本。基于云服务的服役系统智能健康管理系统架构如图5-5所示。

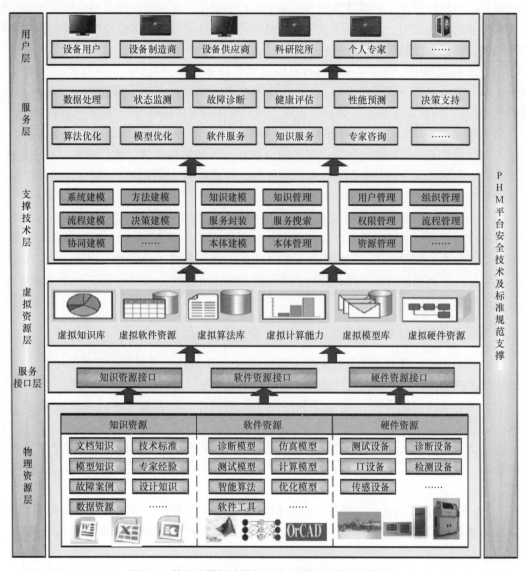

图5-5 基于云服务的服役系统智能健康管理系统架构

（1）物理资源层 主要提供面向故障预测与健康管理的知识资源、软件资源和硬件资源。其中知识资源包括数据资源、故障案例、专家经验、文档知识、模型知识、技术标准等各种结构化、非结构化和半结构化资源。软件资源包括故障诊断领域的各种软件工具、智能算法、优化模型、诊断模型、测试模型等。硬件资源包括各种测试设备、诊断设备、检测设备、IT设备等。

（2）服务接口层 该层为PHM平台提供数据和知识资源接口、软硬件资源接口。该层包含系统平台的物理支撑技术，为被诊断设备从运行现场到云服务平台提供一个信息通道。

（3）虚拟资源层 该层通过将物理资源云端化、虚拟化封装，将资源转变为平台可识别的形式，为后续服务的调用做基础，包括虚拟知识库、虚拟算法库、虚拟模型库、虚拟软件资源、虚拟硬件资源、虚拟计算能力。其中虚拟知识库主要存储故障案例、经验知识、标准规范等非结构化知识；虚拟算法库主要存储各种人工智能算法；虚拟模型库用来存储各种诊断模型、预测模型及优化模型。

（4）支撑技术层 该层为平台运行提供技术支持和保障，主要包括各种建模技术（如系统建模、方法建模、流程建模等）、平台管理技术（如用户管理、权限管理、资源管理、流程管理等）、知识服务技术（如知识建模、知识管理、本体建模等）、服务管理技术。

（5）服务层 该层包含PHM平台的主要服务内容，各服务之间有的可以独立调用，有的服务之间则具有一定的逻辑顺序，需要组合使用。例如知识服务、软件服务、算法优化、模型优化、专家咨询可以独立调用。而数据处理、状态监测、故障诊断、健康评估、性能预测及决策支持之间则可以进行服务的组合。

（6）用户层 该层提供人机交互界面，主要面向设备维护活动中的各类用户，主要包括设备用户、设备制造商、设备供应商等。各类用户可以通过服务平台调用故障诊断、故障预测、知识检索、知识推送、知识咨询等服务内容，使用各类平台资源，以满足用户需求。用户也可以向平台提供自己的知识资源。平台通过知识评价等方式鼓励用户共享知识资源，丰富系统知识库。

3. 服役系统智能健康管理系统架构案例：华中数控云服务平台

（1）用户需求 建立华中数控系统云服务平台（图5-6），通过数控云服务平台，可实现机床状态概览可视化、机床运行状态显示、机床效率统计及机床健康保障功能。

（2）具体解决方案介绍 建立了数控加工大数据中心，实现了云管家、云服务、云智能。

1）云管家。基于云系统的信息平台能提供贴身的管家式服务，无论何时何地，无须冗长的报告，只需要点击云平台终端，所有生产管理、机床状态监控等数控加工车间信息尽在掌握。

2）云维护。基于云系统的维护平台提供远程故障诊断服务，自动发送故障提醒短信，支持基于地理位置的故障报修，专家远程在线检测，轻松完成系统诊断、升级、备份与恢复。

3）云智能。基于云端强大的服务器资源和专业软件的增值服务，分享华中数控及第三方公司在编程、工艺、优化的专有功能，也可以将特色应用有偿共享给所有其他用户，使数控系统更智能、更专业。

通过数控加工大数据的采集，实现数控机床健康评估可视化。基于云服务平台的华中数控系统健康保障功能示意图如图5-7所示。

（3）方案实施后的价值或成果 基于云计算的数控机床大数据中心以数控机床CPS模型、采集机床加工过程大数据与存储、开放式云计算应用架构、机床互联通信协议为技术基础，实现对数控机床$7 \times 24h$不间断监控，开创了大数据在数控加工领域应用的新途径，实现了机床智能健康管理。

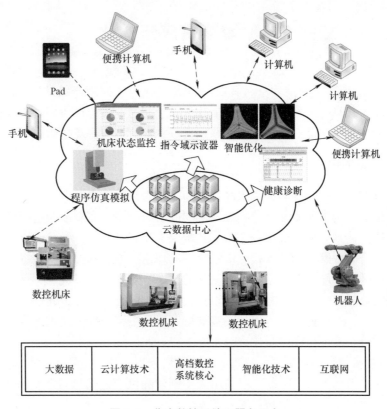

图 5-6　华中数控系统云服务平台

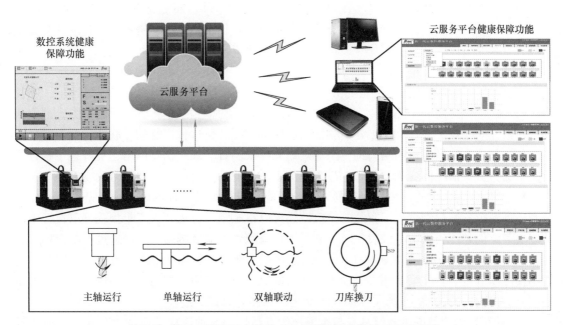

图 5-7　基于云服务平台的华中数控系统健康保障功能示意图

5.4　智能供应链优化

在"中国制造2025"的推动下，智能制造成为制造业创新升级的突破口和主攻方向。随着生产、物流、信息等要素不断趋于智能化，整个制造业供应链也朝着更加智慧的方向发展，成为制造企业实现智能制造的重要引擎，支撑企业打造核心竞争力。

1. 智慧供应链的特点

供应链是以客户需求为导向，以提高质量和效率为目标，以整合资源为手段，实现产品设计、采购、生产、销售及服务全过程高效协同的组织形态。在智能制造时代，相较于传统供应链，智慧供应链具有更多的市场要素、技术要素和服务要素。智慧供应链是在传统供应链的基础上，结合物联网技术和现代供应链管理的理论、方法和技术，在企业中和企业间构建的，实现供应链的智能化、网络化和自动化的技术与管理综合集成。

从智能实践分析得出的所有见解都可以转化为具体的行动，并由此创造更多的价值。使用各种智能技术后，供应链管理可以从决策支持发展为决策授权，而最终将转变为一种预测能力。智慧供应链与传统供应链相比，具备以下特点：

1）先进，技术的渗透性更强。管理者和运营者采取主动方式，系统地吸收各种现代技术，实现管理在技术变革中的革新。以前由人工创建的供应链信息将逐步由传感器、RFID、仪表、执行器、GPS和其他设备与系统来生成。

2）可视化、移动化特征更加明显。利用多种形式表现数据，如图片、视频等方式，并可进行智能化访问数据。供应链不仅可以"预测"更多事件，还能见证事件发生时的状况。由于像集装箱、货车、产品和部件之类的对象都可以自行报告，供应链不再像过去那样完全依赖人工来完成跟踪和监控工作。设备上的仪表盘将显示计划、承诺、供应源、预计库存和消费者需求的实时状态信息。

3）互联，协作性更强。智慧的供应链将实现前所未有的交互能力，一般情况下，不仅可以与客户、供应商和IT系统实现交互，还可以对正在监控的对象，甚至是在供应链中流动的对象之间实现交互。除了创建更全面的供应链视图外，这种广泛的互联性还便于实现大规模的协作。全球供应链网络有助于全局规划和决策制订。通过信息网络，更好地了解各成员的情况，根据情况的变化，实现上游企业与下游企业的随时联系，并及时改变策略。

4）智能。为协助管理者进行交易评估，智能系统将衡量各种约束和选择条件，这样决策者便可模拟各种行动过程。智慧的供应链还可以自主学习，无须人工干预就可以自行做出某些决策。例如，当异常事件发生时，它可以重新配置供应链网络，可以通过虚拟交换以获得相应权限，进而根据需要使用如生产设备、配送设施和运输船队等有形资产。使用这种智能不仅可以进行实时决策，还可以预测未来的情况。通过利用尖端的建模和模拟技术，智慧的供应链将过去的"感应-响应"模式转变为"预测-执行"模式。

5）灵活性。智慧的供应链具有与生俱来的灵活性。这种供应链由一个互联网组成，连接了供应商、签约制造商和服务提供商，它可以随条件变化做出适当的调整。为实现资源的最佳配置，未来的供应链将具备智能建模功能。通过模拟功能，供应链管理者可以了解各种选择的成本、服务级别、所用时间和质量影响。灵活性可以弥补成本波动带来的风险。例如：在一项广告促销活动中，根据预先设置的业务规则和阈值，零售商系统可以分析由供应商发来的库存、产量和发货信息来确定活动期间是否会发生断货情况。如果预测出来，系统会发通知给协调人员，并对供应链的相应组成部分进行自动处理；若预测推迟交货，它会向其他物流服务供应商发出发货请求；若数量有差异时，会自动向其他供应商发出重新订购请求，从而避免严重的缺货或销量下滑。

2. 智能供应链系统

智能供应链系统主要由硬件支撑平台、软件支撑平台和应用系统平台三部分组成（图5-8）。在硬件资源平台和软件服务平台的支撑下，将通过业务系统获取的数据和企业信息进行统一分析，为企业经营提供战略分析和决策支持。

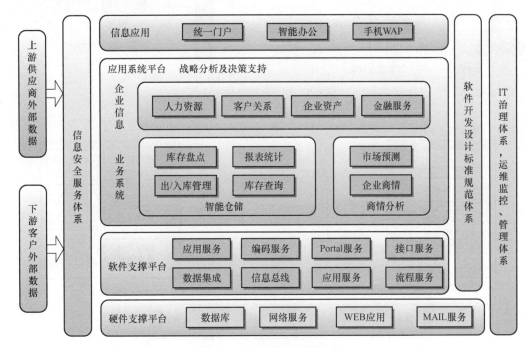

图5-8　智能供应链系统架构

智能供应链系统的主要数据来源于智能仓储管理系统。智能仓储管理系统包括 RFID、读卡器、控制主机等设备（图5-9），可在本地直接进行仓储过程的全程管理。

3. 智能供应链路径优化案例

（1）用户需求　当前供应链物流供应商（LSP）单车提货每增加一个提货点，就多增加一次例外费用，导致多点提货费用高，需要根据发货单据，人工的方式拆分给承运商，进行发货，每年的例外费用高达1200多万元。之前人工方式效率低，成本高，无法实现实时、快速设计最为合适的供应链物流方案，而采用智能供应链设计系统之后，能够大量减少人力投入，快速实现供应链路径优化（图5-10）。

（2）具体解决方案介绍　智能系统自动识别、选择直提物流模式或中转仓模式，自动

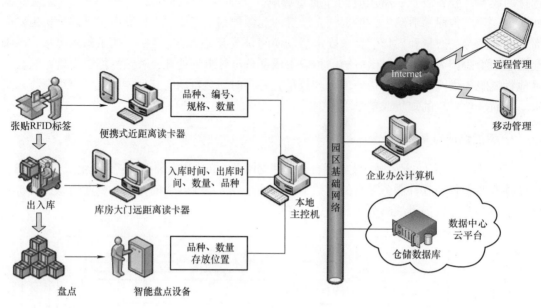

图 5-9　智能仓储管理系统

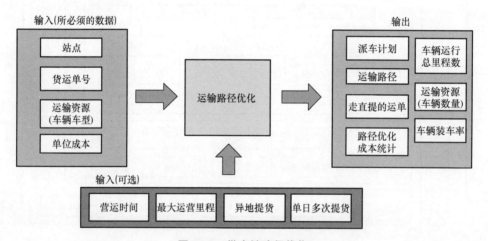

图 5-10　供应链路径优化

优化并推荐给用户车辆数。按天输出派车计划，解决多订单、多工厂映射关系下的组合路径优化问题，目标达到月运输成本最优。10min 之内完成物流配车和路线。图 5-11 所示为智能供应链路径优化解决方案。

　　人工智能系统的路径优化解决方案聚焦于降低物流运输成本，包含三个模块：

　　1）自动识别运输方案。假设有 M 个订单，其中有 m 个订单采用中转仓的方式，其余采用原来直提的运输方式。通过 0-1 动态规划技术，自动识别，确定走中转仓的货运单数 m。

　　2）智能路径优化技术。通过聚类模型对 m 个订单的对应的工厂进行聚类，找出相邻距离最小的点。然后根据聚类结果，进一步采用优化算法计算遍历最短路径以及派车计划、运输路径。

　　3）成本优化统计。基于每天最佳配车方案，按月统计输出节省的总运输成本、车辆运

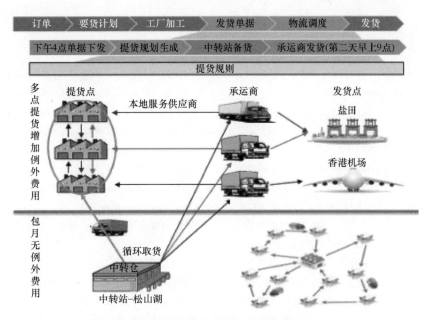

图 5-11　智能供应链路径优化解决方案

行总里程数、运输所需车辆数、装车率等。

（3）方案实施后的价值与成果　通过提货规划，减少例外费用，提升发货效率。以天为单位，合理分配租赁车辆并对提货路线进行优化，利用中转仓尽可能提高车辆满载率、减少出行次数，减少提货的例外费用。根据以往历史数据进行优化，每个月的运输成本降低30％以上。基于平台能力，优化算法的效率，按天输出派车计划，只需要 10s 左右。

思考题

1. 简述智能制造协同规划的特征。
2. 什么是服役系统智能健康管理技术？
3. 智慧供应链的特点是什么？

"两弹一星"功勋科学家：
杨嘉墀

参 考 文 献

［1］ HUANG G Q,QU T. Extending analytical target cascading for optimal configuration of supply chains with alternative autonomous suppliers［J］. International Journal of Production Economics,2008,115(1): 39 – 54.

［2］ ZHANG Y,WANG W,LIU S,et al. Real – Time Shop – Floor Production Performance Analysis Method for the Internet of Manufacturing Things［J］. Advances in Mechanical Engineering,2014(2): 1 – 10.

［3］ TERAN H,HERNANDEZ J C. Performance measurement integrated information framework in e – Manufacturing［J］. Enterprise Information Systems,2014,8(6): 607 –629.

［4］ ZHANG Y,QU T,HO O,et al. Real – time work – in – progress management for smart object – enabled ubiquitous shop – floor environment［J］. International Journal of Computer Integrated Manufacturing,2011,24(5): 431 –445.

［5］ 张映锋，江平宇，黄双喜，等. 融合多传感技术的数字化制造设备建模方法研究［J］. 计算机集成制造系统，2010，16(12): 2583 – 2588.

［6］ 张映锋，赵曦滨，孙树栋. 面向物联制造的主动感知与动态调度方法［M］. 北京：科学出版社，2015.

［7］ 臧传真，范玉顺. 基于智能物件的实时企业复杂事件处理机制［J］. 机械工程学报，2007，43(2): 22 – 32.

［8］ 江志斌. Petri 网及其在制造系统建模与控制中的应用［M］. 北京：机械工业出版社，2004.

［9］ 沈清泓. 企业制造执行系统和关键性能指标评估技术研究［D］. 杭州：浙江大学，2013.

［10］ 武生均. 成本管理学［M］. 2 版. 北京：科学出版社，2016.

［11］ 曹晋华，程侃. 可靠性数学引论［M］. 2 版. 北京：高等教育出版社，2012.

［12］ 王熙照，翟俊海. 基于不确定性的决策树归纳［M］. 北京：科学出版社，2012.

［13］ 邓朝辉，万林林，邓辉，等. 智能制造技术基础［M］. 武汉：华中科技大学出版社，2017.

［14］ 曹岩. 先进制造技术［M］. 北京：化学工业出版社，2013.

［15］ 盖茨. 未来之路［M］. 辜正坤，译. 北京：北京大学出版社，1996.

［16］ ZHANG Y,ZHANG G,WANG J,et al. Real – time information capturing and integration framework of the internet of manufacturing things[J]. International Journal of Computer Integrated Manufacturing,2014: 1 – 12.

［17］ 侯瑞春，丁香乾，陶冶，等. 制造物联及相关技术架构研究［J］. 计算机集成制造系统，2014，20(1): 11 – 20.

［18］ 赵群，张翔，杜呈信. 基于物联网时代的我国制造业信息化发展趋势［J］. 机械制造，2012，50(4): 1 – 5.

［19］ 唐任仲，白翱，顾新建. U –制造：基于 U –计算的智能制造［J］. 机电工程，2011，28(1): 6 – 10.

［20］ FEI T,MENG Z,CHENG J,et al. Digital twin workshop:a new paradigm for future workshop[J]. Computer Integrated Manufacturing Systems,2017(1):1 – 9.

［21］ TAO F,CHENG J,QI Q,et al. Digital twin – driven product design,manufacturing and service with big data［J］. International Journal of Advanced Manufacturing Technology,2017(4):1 – 14.

［22］ 张映锋，赵曦滨，孙树栋，等. 一种基于物联技术的制造执行系统实现方法与关键技术［J］. 计算机集成制造系统，2012，18(12): 2634 – 2642.

［23］ 王建民. 工业大数据技术［J］. 电信网技术，2016(8): 1 – 5.

［24］ 孙家广. 工业大数据［J］. 软件和集成电路，2016(8): 22 – 23.

［25］ 邵景峰，贺兴时，王进富，等. 大数据环境下的纺织制造执行系统设计［J］. 机械工程学报，2015，51(5): 166 – 176.

［26］ ZHANG X,LIU C,NEPAL S,et al. A hybrid approach for scalable sub – tree anonymization over big data using MapReduce on cloud[J]. Journal of Computer & System Sciences,2014,80(5):1008 – 1020.